中、高级农经师考试参考用书 ◆◆◆

当代农村
经济管理实务教程

罗青平 主编

中国农业科学技术出版社

图书在版编目(CIP)数据

当代农村经济管理实务教程／罗青平主编．—北京：
中国农业科学技术出版社，2012.3
ISBN 978 -7 -5116 -0822 -2

Ⅰ.①当… Ⅱ.①罗… Ⅲ.①农村经济－经济管理－
中国－教材 Ⅳ.①F32

中国版本图书馆 CIP 数据核字（2012）第 037548 号

责任编辑 穆玉红 李 雪
责任校对 贾晓红

出 版 者 中国农业科学技术出版社
北京市中关村南大街 12 号 邮编：100081
电 话 (010)82106626/82109707(综合编辑室)(010)82109704(发行部)
(010)82109703(读者服务部)
传 真 (010)82109707
网 址 http://www.castp.cn
经 销 者 新华书店北京发行所
印 刷 者 北京科信印刷有限公司
开 本 787mm ×1 092mm 1/16
印 张 14
字 数 252 千字
版 次 2012 年 3 月第 1 版 2012 年 3 月第 1 次印刷
定 价 25.00 元

编委会

前　言

改革开放后，我国农村经济体制发生了巨大变化。与此相适应，我国农村经济和经营管理工作步入了不断深入拓展的新阶段。新的形势赋予农经管理“三大管理、三项指导”职能，其内涵更深刻、更丰富，政策落实、权益维护和信息服务成为农经管理的主要工作。

为稳定和完善以家庭承包经营为基础、统分结合的双层经营体制，落实并维护农民的土地承包权益成为党在农村的基本政策。指导村集体经济组织依法发包土地、规范签订承包合同、及时发放土地承包经营权证、纠正违法调整承包地行为、接受和解决农民对侵害其土地权益的投诉、加强农村土地承包档案管理等就成为各级农经管理部门的基本任务。

农村实行“大包干”后，不少集体经济组织自身实力逐渐削弱，农村集体经济资产和财务管理难度加大，加上市场经济初级阶段不当思潮冲击，干部作风出现一些问题，部分村集体经济组织财务管理混乱，成为广大农民最关心的热点问题之一。指导和帮助农村集体经济组织加强资产、资金和资源管理就成为各级农经管理部门的又一项重要任务。

家庭承包责任制经营最直接、最有效地打破了“大锅饭”，极大地调动了农民的生产积极性和创造性，但同时也使“三级所有、队为基础”的统一核算机制在事实上瓦解了，使得收益分配中过去由生产队统一缴纳的各项税费改由农民直接缴纳，农民税费问题由间接变成了直接。加之 20 世纪 90 年代各地追求发展的高速度，大搞超越农民现实承载能力的项目建设，乱集资、乱收费、乱罚款和摊派现象普遍，极大地加重了农民负担，成为农民反应强烈、影响农村社会稳定的重大焦点问题。为有效遏制这种现象漫延、切实维护农民的合法经济利益，正确处理国家、集体和农民个人的分配关系，农民负担监督管理被纳入各级农经管理的重点工作范畴。

农村市场经济体制确立后，在经济迅速发展的同时，千家万户的“小生产”与千变万化的“大市场”有效对接问题开始显现，并日益尖锐起来。我国农民的创造热情又一次被激发出来，自发组建各种类型的专业合作经济组织，并勇敢地跨出农业领域，广泛投身农产品加工、流通领域，使农业产业化经营迅速兴起，并成为推动我国传统农业由向现代农业迈进的重要力量。为适应千载难逢的大好形势，农民专业合作社应运而生并迅速发展，成为农业产业化经营的重要组织形式，引导、扶持、服务农民专业合作社，理所当然地成为各级农经管理部门的重大新任务。

农经管理的内容、方式及其目标要求发生了如此大变化，迫切需要将现行农经管理业务进行概括和综合，形成业务培训教材。恰逢部分省市自治区高级农经师改由考试取得资格后再评聘，也需要一本能涵盖整个农经管理内容的考试用书。为此，我们组织长期从事农经管理实际工作、具有较深农经理论功底的专家，紧密结合当前农经管理实际，着力在理论概括、实践总结、政策解读和操作指导4个方面，将全部农经管理业务综合编纂成书，供广大农经人员学习参考。由于时间仓促，加之编写水平有限，难免有不当之处，敬请读者批评指正。

编　者

目　录

第一章 农村土地承包管理

第一节 新中国土地制度的演变

新中国农村土地制度建立及演变是随着政权的建立、巩固和完善而进行的，大致可以划分为两个大的阶段：

一、改革开放前农村土地制度的演变

1. 废除封建土地所有制，建立土地的农民私有制

新中国成立初期，中国共产党依靠政权的强制力量，没收封建地主、官僚资本家土地所有权，无偿分给农民，到1952年土地改革结束时，政府给3亿多无地或少地的农民，按照“当地平均标准”无偿分配了7亿多亩土地，基本实现了“均田式”的农民土地私有制。

2. 农业合作化运动，农民土地私有制向土地的集体所有制过渡阶段

从1953年至1957年期间，根据《关于农业生产互助合作的决议（草案）》和《关于发展农业生产合作社的决议》，农村开始进入合作化时代，通过建立互助组、初级社、高级社使土地集中经营，土地的农民私有制逐步过渡到土地的集体所有制。

3. 人民公社化运动，“三级所有，队为基础”的集体土地产权制度的建立

在当时“跑步进入共产主义”“左倾”思潮指导下，为了进一步扩大农业合作社规模，从1958年开始在全国掀起了人民公社化运动。人民公社运动主要是通过对农业生产合作社的合并，对土地进一步地加以集中，推行公社集体所有。由于这种形式的生产关系脱离了当时的生产力发展水平，结果对农业生产造成了很大的破坏。1960年11月3日，《中共中央关于农村人民公社当前政策问题的紧急指示信》提出了建立“三级所有，队为基础”的制度，即土地等主要农业生产资料由公社所有制转变为公社、生产大队、生产队三级所有，多数土地的所有权、使用权仍归生产队，也就是“队为基础”。这种集体土地产权制度一直延续到

1978 年。

二、新时期农村土地制度改革

自 1978 年改革开放以来，我国的农村土地制度又进行了一次循序渐进的改革完善过程，也可分为 3 个阶段：

1. “公地私营”的农村土地联产承包责任制

20 世纪 70 年代末，农民为了实现自己的基本生活保障，把目光聚焦在了土地制度的变革上。1977 年，安徽凤阳县小岗村 18 位农民冒着生命危险，搞起了“包产到户”。由此，拉开了我国农村土地制度改革的大幕。1978 年 12 月，党的十一届三中全会作出了《关于加快农业发展若干问题的决定》（草案），改革大潮风起云涌，各地普遍推行集体土地联产承包责任制，把土地经营权直接赋予农户。农村土地制度的创新，不仅带来了农业和农村经济社会的发展和繁荣，而且还引发了我国整个经济体制的改革。

2. 土地集体所有，家庭承包经营和统分结合的双层经营体制

这一阶段农村土地制度的大方向是由原来的集体所有、集体统一经营转变为集体所有、农户承包以后获得经营权和收益权，实行土地所有权和使用权的分离。由于经验不足，曾出现了诸如土地按人口、劳力两块分配的“两田制”、田地细碎化、承包期过短、频繁调整、无承包合同或承包合同不健全等问题。为此，中央在 1984 年 1 月出台的《关于 1984 年农村工作的通知》中指出，土地承包期一般应在 15 年以上，鼓励土地向种田能手集中，允许土地转包。这使得家庭联产承包制和统分结合的双层经营体制作为农村的一项基本经营制度逐步建立并稳定下来。1986 年 6 月 25 日，第六届全国人大常委会第十六次会议通过并发布《中华人民共和国土地管理法》，对农村集体土地的所有、使用、管理作出了明确规定，推进了农村集体土地管理法律化进程。

3. 农村土地家庭承包经营制度的完善

中共中央、国务院在 1993 年 11 月《关于当前农业和农村经济发展的若干政策措施》中指出：以家庭联产承包为主的责任制和统分结合的双层经营体制，是我国农村的一项基本经营制度，要长期稳定，并不断完善。为稳定土地承包关系，鼓励农民增加投入，提高土地的生产率，在原定的耕地承包期到期之后，再延长 30 年不变；1995 年 3 月，国务院批转农业部《关于稳定和完善土地承包关系意见的通知》，对土地承包合同的严肃性、承包期限、经营权流转、农民负担和权益等作出了规定，强调以家庭联产承包为主的责任制和统分结合的双层经营

体制必须长期稳定，使农村的土地承包关系得到进一步稳定和完善；随着改革的深化和形势的发展，1988 年修改的《中华人民共和国土地管理法》（以下简称为《土地管理法》）已经明显不能适应加强土地管理、切实保护耕地的需要，特别是 20 世纪 90 年代末期，我国耕地保护面临的形势十分严峻，开发区热、房地产热导致耕地面积锐减，人地矛盾日益尖锐。面对经济形势的变化，1998 年 8 月 29 日，第九届全国人大常委会第四次会议修订并通过《土地管理法》，推进了土地承包关系管理在法制轨道上迈出新步伐，对抑制农村土地的过快非农化、更好地保护耕地起到了积极作用；2008 年 10 月召开的十七届三中全会审议通过的《中共中央关于推进农村改革发展若干重大问题的决定》，进一步强调要稳定和完善农村基本经营制度，健全严格规范的农村土地管理制度，为今后一个时期深化我国农村土地制度改革指明了方向。

第二节　农村土地承包政策概述

一、我国农村土地承包政策演进

我国农村土地承包经营政策是随着农村土地承包制度的发展而不断完善的，大致包含 4 个方面的内容：

1. 鼓励实行农村土地承包经营的政策

党的十一届三中全会原则通过的《农村人民公社工作条例（试行草案）》和《关于加快农业发展若干问题的决定（草案）》，虽然仍有“不许分田单干”，“不准包产到户”等带“左倾”色彩的规定，但这两个文件成为打破人民公社体制、创立集体土地家庭承包经营制度的最有力的政策措施。尽管当时不少地方存在很大阻力，但广大农民在中央政策的支撑下，自发地、急切地开展农村土地联产承包，农村土地经营制度改革的大潮，势不可挡地席卷大江南北。

2. 稳定完善农村土地承包经营制度的政策

1982 年《全国农村工作会议纲要》指出：“（承包责任制）不同于合作化以前的小私有的个体经济，而是社会主义农业经济的组成部分”，正式肯定了“双包”（即包产到户、包干到户）的合法地位。为进一步打消人们对包产到户、包干到户的后顾之忧，稳定土地承包经营关系，在政策层面上不断给予强化。1983 年《当前农村经济政策若干问题》指出，家庭联产承包责任制“是在党的领导下，我国农民的伟大创造，是马克思主义农业合作化理论在我国实践中的新发展”。1984年《关于1984年农村工作的通知》中要求：“土地承包期限一般应在15年以上，生产周期长的和开发性项目承包期应该更长一些”。1985年《中共中央、国务院关于进一步活跃农村经济的十项政策》中强调，“联产承包责任制和农户家庭经营长期不变”。1986年《中共中央国务院关于一九八六年农村工作的部署》指出，“鼓励耕地向种田能手集中，发展适度规模的种植专业户”。自1982—1986年，我国农村改革发展史上第一轮“五个一号文件”出台并实施，为稳定和完善农村土地承包经营制度搭建起较完备的政策框架。

3. 巩固发展农地承包经营制度的政策

随着第一轮承包期的陆续到期，为巩固发展改革开放后推行的“以家庭承包经营为基础，统分结合的双层经营体制”，1997年8月，中共中央办公厅、国务院办公厅发出《关于进一步稳定和完善农村土地承包关系的通知》，这个文件除要求延长承包期外，首次提出“增人不增地，减人不减地”，并强调纠正一些地方承包时搞“两田制”的错误做法，这在以往稳定土地承包政策的基础上更进了一步。1998年8月修订的《土地管理法》规定，“土地承包经营期限为30年”。同年10月14日，党的十五届三中全会通过《中共中央关于农业和农村工作若干重大问题的决定》，再次强调“要坚定不移地贯彻土地承包期再延长30年的政策，同时抓紧制定确保农村承包关系长期稳定的法律法规，赋予农民长期而有保障的土地使用权”。显然，将稳定土地承包制度的政策提升到法律层面，制度将更加稳固。2001年12月《中共中央关于做好农户承包地使用权流转工作的通知》进一步明确了农村土地流转的有关政策，在稳定承包制度政策的同时，增加农村土地流转的政策规定，为巩固发展农村土地承包制度构建了较完整的政策体系。

4. 农地承包经营政策法制化

为增强政策的稳定性、权威性和严肃性，在全国基本完成农村土地家庭承包工作后不久，我国即开展了将农村土地承包政策上升为法律的探索。1986年4月通过的《中华人民共和国民法通则》以下简称为《民法通则》确认了土地承包经营权，首次在民事法律的层面上肯定了农民享有土地承包经营权，这是土地承包经营关系法定化迈出的真正一步。同年6月25日通过的《土地管理法》，以法律的形式确立了家庭联产承包责任制，指出“土地的承包经营权受法律保护”。1993年将“家庭联产承包为主的责任制”写入《中华人民共和国宪法》以下简称为《宪法》，将农村土地承包经营权上升到国家根本大法予以确认。1999年《宪法》修正案明确“农村集体经济组织实行以家庭承包经营为基础、统分结合的双层经营体制”，使我国农村土地承包经营制度成为国家最高法律给予明确保障的重要内容。2000 年，中央《关于制定国民经济和社会发展第十个五年计划的建议》指出，要加快农村土地制度法制化建设，长期稳定以家庭承包经营为基础、统分结合的双层经营体制。此后，农村土地政策的法制化建设进入了快车道。

2002 年 8 月，第九届全国人大常委会第二十九次会议通过的《中华人民共和国农村土地承包法》以下简称为《农村土地承包法》，以法律明确赋予农民长期的、有保障的土地使用权，农村土地承包当事人双方的权益得以依法维护。2004 年颁布《中华人民共和国农村土地承包经营权证管理办法》，为维护承包方依法取得的土地承包经营权确立了法律依据，完善了农村土地承包关系。2005 年 1 月，农业部发布《中华人民共和国农村土地承包经营权流转管理办法》以下简称为《农村土地承包经营权流转管理办法》，为规范农村土地承包经营权流转行为，维护流转双方当事人合法权益，促进农业和农村经济发展提供了明确的法规依据。2007 年第十届全国人民代表大会第五次会议通过《中华人民共和国物权法》以下简称为《物权法》，将土地承包经营权界定为用益物权，并对土地承包经营权的征收、征用补偿作了进一步明确，使土地承包经营关系的法制化进程迈进了一大步。2009 年 6 月，第十一届全国人民代表大会常务委员会第九次会议通过《中华人民共和国农村土地承包经营纠纷调解仲裁法》，为公正、及时解决农村土地承包经营纠纷和当事人维护土地承包合法权益提供了“法律武器”。这一系列法律法规的颁布实施，促进了农村土地承包经营政策的法制化，构建了我国目前较为健全的农村土地承包法律体系，标志着我国土地承包经营权法制化逐步走向完善和成熟，为我国农村经济繁荣发展，农村社会和谐稳定构筑起坚强的法律法规保障。

二、农村基本经营制度的内涵及要点

1. 农村基本经营制度的基本内涵

第一，家庭承包经营是双层经营体制的基础。家庭承包经营与统一经营是双层经营体制的两个层次，家庭承包经营是双层经营体制的基础，也是整个农村基本经营制度的基础，核心是稳定和完善土地承包关系。土地既是农村最基本的生产资料，也是农民最基本最可靠的生活保障，主要采取农户家庭承包方式，农户是农业最基本的经营主体。到 2008 年年底，全国有近 2.3 亿农户承包了全国 95%的集体耕地，户均耕地 7.5 亩；绝大部分的草原、水面和集体林地也实行了家庭承包经营。当然，除家庭承包经营外，农村土地还有其他经营形式。比如，对不宜实行家庭承包方式的荒山、荒沟、荒丘、荒滩等“四荒”资源，采取招标、拍卖、公开协商等其他承包方式承包经营；有的农村对土地等农村基本生产资料仍实行集体经营或其他承包经营方式，但这都不能取代家庭承包经营的基础地位。

第二，统一经营是双层经营体制不可或缺的组成部分。通过承包形成的分散经营的农户，面对不断发展的专业化、商品化和社会化大生产，存在着经营规模小、组织化程度低、抗风险能力弱等问题，存在着小生产与大市场的矛盾。妥善解决这些问题和矛盾，离不开统一经营层次的完善和提高。统一经营层次的完善和提高不是对家庭承包经营的否定，而是对家庭承包经营基础地位的发展和提升。

第三，家庭经营与统一经营是密不可分的有机整体。在这一体制内，“分”是“统”的基础，“统”是“分”的保障，二者相互依存、相互补充、相互促进，是一个有机的整体，忽视任何一方都不利于农村经济的健康发展。如果家庭承包经营这个基础动摇了，农村经济发展就失去了根基；如果不能在家庭承包经营的基础上完善和发展统一经营，发展社会化服务，家庭经营的不足就不能克服，最终也难以巩固家庭承包经营的基础地位。稳定和完善农村基本经营制度必须把二者很好地有机结合。

2. 稳定和完善农村土地承包经营制度的要点

第一，坚持二轮家庭承包经营30年并保持长久不变。《农村土地承包法》规定：“耕地的承包期为30年。草地的承包期为30年至50年。林地的承包期为30年至70年。”党的十七届三中全会《决定》提出，“赋予农民更加充分而有保障的土地承包经营权，现有土地承包关系要保持稳定并长久不变。”这是稳定和完善农村基本经营制度的重大政策。其要点：一是稳定现有土地承包关系。现有土地承包关系全国是1993年开始形成的，目前农村土地承包关系总体稳定，广大农民对现有土地承包关系比较满意。稳定现有土地承包关系，就是要把现有土地承包所形成的全部权利义务关系按照法律和政策的规定全部落实下来，在全面完成延长土地承包30年工作的基础上，妥善解决遗留问题，把农民承包土地的各项权利依法落到实处。二是实现土地承包关系长久不变。土地承包关系长久不变不是耕地承包期30年的简单延长，也不是割断现有土地承包关系的重新承包，而是现有土地承包关系在稳定基础上的继续，是对现有土地承包关系的进一步发展。即现有土地承包关系所形成的承包方与发包方的权利和义务关系继续保持下去并长久不变，承包地块、面积除法律另有规定外也长久不变，土地承包期限由目前30年的固定期限转变为长久不变。三是赋予农民更加充分而有保障的土地承包经营权。目前，在《农村土地承包法》和《物权法》中，明确规定农民对承包土地享有占有、使用、收益和流转的权利以及承包地被依法征收时可获得补偿的权利。其中，流转权利包括承包期内农户可以按照依法自愿有偿原则采取转包、出租、转让、互换等形式流转，也可以将土地承包经营权入股从事农业合作生产。这些权利构成了土地承包经营权的权能结构，这是法定权利，是设立在农村集体土地所有权上的用益物权。

第二，坚持农村土地经营权流转政策。一是完善土地承包经营权的权能，依法保障农民对承包土地的占有、使用、收益等权利，搞好农村土地确权、登记、颁证工作，这是土地承包经营权流转的基本前提和基础。二是加强土地承包经营权流转管理和服务，建立健全土地承包经营权流转市场，这是土地承包经营权流转健康发展的保障。三是按照依法自愿有偿原则，允许农民自主地以转包、出租、互换、转让、股份合作等形式流转土地承包经营权，发展多种形式的适度规模经营，有条件的地方可以发展专业大户、家庭农场、农民专业合作社等规模经营主体，这是土地承包经营权流转的内在动力。四是土地承包经营权流转不得改变土地集体所有性质，不得改变土地用途，不得损害农民土地承包权益，这是土地承包经营权流转的底线。以上四个方面，相互联系，相互依存，共同构成了完整的土地承包经营权流转政策体系。通过政策规定，把土地承包经营权流转纳入了依法、规范、有序的发展轨道，进一步优化农地资源配置，促进农业劳动力转移和发展家庭农场、专业大户、农民专业合作社等多种形式的适度规模经营，加快传统农业的改造，进一步稳定和完善农村基本经营制度。

三、农村土地承包权益保护政策

1. 承包期内不得收回承包地的政策

（1）承包期内，发包方不得收回承包地，原则上实行“增人不增地，减人不减地”。法律对承包地收回有特别规定的除外。

对于外出农民回乡务农，只要在土地二轮包中获得了承包权，承包期内，发包方不得单方面解除承包合同，或者强迫承包方放弃、变更土地承包经营权，而进行土地承包经营权流转，不得以划分“口粮田”和“责任田”等为由收回承包地搞招标承包，不得将承包地收回抵顶欠款。

（2）承包期内，对于承包方全家迁入小城镇落户的，应当按照承包方的意愿，保留其土地承包经营权或者允许其依法将土地承包经营权流转。

为统筹城乡发展，推进城镇化进程，鼓励有条件的农户进入城镇，全国各地均有不同政策体现，以江西省为例，对进入设区市城落户的农民，可以根据本人意愿，保留其承包土地的经营权，也允许依法有偿流转，任何人不得强行收回其承包地。

2. 承包期内承包方补偿权的保护政策

承包期内，承包方交回承包地或者发包方依法收回承包地时，承包方对其在承包地上投入而提高土地生产能力的，有权获得相应的补偿。承包方应当交回的承包地仅指耕地和草地，并不包括林地，由于林业生产经营周期和承包期比较长，投入大，收益慢，风险大。稳定林地承包经营权，有利于调动承包方植树造林的积极性，防止乱砍滥伐，保护生态环境。

3. 承包期内承包地调整政策

稳定土地承包关系是党在农村政策的核心。为了维护土地承包关系的长期稳定，让农民吃上定心丸，《农村土地承包法》规定，在承包期内，发包方不得调整承包地。但考虑到一些人力不可抗拒的因素，允许按照法律程序，在农户之间进行个别调整，并把握以下 5 点：一是调整的范围只限于人地矛盾突出的，在个别农户之间承包地进行小范围适当调整，而不能趁机将所有集体经济组织成员的承包关系打乱重分；二是用于调整的土地是机动地或通过依法开垦等方式增加的农地，以及承包方依法、自愿交回的土地，调整的对象是新增的无地人口；三是在因自然灾害严重毁损承包地等特殊情形下，首先将依法可以调整的承包土地用于调整，实在没有地可调的，才能对个别农户之间承包的耕地和草地做适当调整；四是调整方案应当经过法定程序，不是由发包方说了算，必须经本集体经济组织成员的村民会议 2/3 以上或者 2/3 村民代表同意，并报乡（镇）人民政府和县级人民政府农业等行政主管部门批准才能进行适当调整；五是承包合同中约定了不得调整承包地的，即使发生了上述情形，也不得调整承包地。

4. 妇女土地承包经营权的保护政策

妇女属于社会弱势群体，保护妇女在土地承包中的合法权益，是农村土地承包的一项重要原则。我国立法一直都致力于妇女的权益保护，从宪法到婚姻法、妇女权益保障法都对妇女权益保护问题有特别的规定。《妇女权益保障法》第 30 条规定："农村划分责任田、口粮田等，以及批准宅基地，妇女与男子享有平等权利，不得侵害妇女的合法权益。妇女结婚、离婚后，其责任田、口粮田和宅基地等，应当受到保障。"《婚姻法》也规定在离婚时，夫或妻在家庭土地承包经营中享有的权益等，应当依法予以保护。作为规范农村土地承包的基本法律，《农村土地承包法》第 6 条明确规定："农村土地承包，妇女与男子享有平等的权利。

承包中应当保护妇女的合法权益，任何组织和个人不得剥夺、侵害妇女应当享有的土地承包经营权。”同时，该法规定，在承包期内，妇女结婚，在新居住地未取得承包地的，发包方不得收回其原承包地；妇女离婚或者丧偶，仍在原住地生活或者不在原住地生活但在新居住地未取得承包地的，发包方不得收回其原承包地。

5. 承包自主权的保护政策

土地承包经营权是一种自主支配权，具有排除任何组织和个人干涉的效力，是一种物权，承包方可以自己使用，自己不用则可以依法流转，也可以放弃，即自愿将承包地交回发包方。是否交回承包地，何时交回承包地，是承包方的自主权利，以承包方自愿为原则。但承包方自愿交回承包地的，应当提前半年以书面形式通知发包方。规定通知义务，主要是考虑能够让发包方对交回的土地作出使用上的安排，避免因承包方自愿交回而造成土地闲置。如果不规定承包方的通知义务，允许承包方可以随时交回承包地，假如承包方选择在农耕季节时交回，发包方就很难及时、有效地组织起生产，也很难及时将交回的土地再发包出去，就可能错过农耕季节，造成土地荒芜，浪费土地资源。规定承包方提前半年的通知义务，是给发包方一个合理的准备期限，本意并不是对承包自主权有所限定。发包方对承包方自愿交回的承包地，可以根据实际情况选择集体经营，或者将土地发包给其他农户。另外，要求承包方交回承包应以书面形式通知发包方，也是从贯彻承包方“自愿”原则的角度出发的，也可以避免事后发生纠纷。

6. 承包经营权继承的保护政策

1995 年 3 月国务院批转农业部《关于稳定和完善土地承包关系的意见》强调，保护继承人的合法权益，承包人以个人名义承包的土地、山岭、草原、滩涂、水面等，如承包人在承包期内死亡，该继承人可以继续承包，承包合同由继承人继续履行，直到合同到期。《土地承包法》明确规定，对所有应得的承包收益继承人都可以继承。另外，对承包林地的承包人死亡后，其继承人可以在承包期内继续承包。需要说明的是，家庭承包是以农户家庭为单位承包土地的，承包人是指承包土地的农户家庭，而不是指家庭中的某个成员，因而家庭中某一个人死亡，其他成员还在，就不发生继承问题。承包方死亡是指承包方家庭中的人都死亡了，也就是销户了。为缓解人地矛盾，体现社会公平，法律对于承包耕地、草地的家庭成员全部死亡的，其承包经营权终止，承包经营权不发生继承。但承包人应得的承包收益，作为承包人的个人财产，应当依照《继承法》的规定继承。为调动承包人的积极性，保护生态环境，法律规定林地承包的承包方死亡，其继承人可以在承包期内继续承包。

第三节　农村土地承包管理工作内容

一、农村土地承包发包和承包管理

1. 家庭承包

（1）家庭承包的特点及承包范围

家庭承包是指农村集体经济组织内的成员，对本集体经济组织所有的土地，以家庭为单位平等地参与承包的行为。凡是为农民提供主要经济来源，承担其基本生活保障的土地，实行人人有份的家庭承包方式。其主要特点：一是集体经济组织的每个人，不论男女老少，都平均享有承包本集体经济组织所有的农用土地的权利，除非他自己放弃这个权利。也就是说，这些农村土地对本集体经济组织的成员来说，是人人有份的，任何组织和个人都不得以任何理由剥夺他们的承包权。二是以户为生产经营单位承包，也就是以一个农户家庭的全体成员作为承包方，与本集体经济组织或者代行集体经济组织职权的村委会订立一个承包合同，享有合同中约定的权利，承担合同中约定的义务。如果承包户家庭中的成员死亡，只要这个承包户还有其他人在，承包关系仍不变，由这个承包户中的其他成员继续承包。三是凡是本集体经济组织的成员应当人人有份的农村土地，都应当实行家庭承包的方式。

家庭承包的农村土地主要包括耕地、林地、草地及其他农业用地，如养殖水面、种植果园等。

（2）家庭承包的当事人

发包方。发包主体的确定分以下 3 种情况：依法属于村集体经济组织的土地，发包方为村集体经济组织或代行其职责的村民委员会；依法属于村内各集体经济组织的土地，发包方为拥有土地所有权的集体经济组织或代其职责的村民小组；国家所有但依法由村民使用的农村土地，其使用权属村集体的，发包方为村民委员会，其使用权属村小组的发包方为村民小组。

承包方。承包方是本集体经济组织内的农户。农户是农村中以血缘关系为基础组成的农村最基本的社会单位。家庭承包中，在分配承包地时是按家庭中人口数量进行的，每人一份，人人均等。但作为承包方则是整个家庭，即作为一个基本生产经营单位的“户”才是承包方，是不可分割的。

(3) 承包当事人的权利、义务

①发包方的权利和义务　发包方享有发包权、监督权、制止权、其他法定权等4项权利，承担维护的义务、尊重的义务、服务的义务、组织的义务以及其他法定义务等。具体为：发包本集体所有的或者国家所有依法由本集体使用的土地；监督承包方依照合同约定用途合理利用和保护土地；制止承包方损害承包地和农业资源的行为。损害土地和农业资源的行为有许多表现，如在耕地上建房、挖土、挖沙、采石、采矿，将耕地挖成鱼塘，毁坏森林、草原开垦耕地，将土地沙化、盐渍化，使水土流失和污染土地，围湖造田等。对于承包方的这些行为，发包方都有权制止；法律、行政法规规定的其他权利。

发包方应当承担的义务有：维护承包方的土地承包经营权，不得非法变更、解除承包合同；尊重承包方的生产经营自主权，不得干涉承包方依法进行正常的生产经营活动；依照承包合同约定为承包方提供生产、技术、信息等服务；执行县、乡（镇）土地利用总体规划，负责本集体经济组织内的农业基础设施建设。农业基础设施建设一般包括农田水利建设，如防洪、防涝、引水、灌溉等设施建设，也包括农产品流通重点设施建设，商品粮棉生产基地，用材林生产基地和防护林建设，也包括农业教育、科研、技术推广和气象基础设施等。农业基础设施建设对于农业的发展意义重大，也是“统一经营”的重要内容之一，并且与承包方有密切关系，农村集体经济组织有义务组织本集体经济组织内的农业基础设施建设；法律、行政法规规定的其他义务。

②承包方的权利和义务　承包方享有承包权、补偿权和其他法定权利等3项权利，承担维护土地的农业用途、合理利用土地和其他法定义务3项义务。

第一，依法享有承包地使用、收益和土地承包经营权流转的权利，有权自主组织生产经营和处置产品。此项权利是承包方最基本、也是承包方最重要的权利，大大地激发了农民的生产积极性，主要包括了使用权收益权、经营自主权、产品处置权和流转权等4项权利内容。其中，承包方的流转权是对承包权利的一个重要体现，主要体现在承包方有权依法自主决定土地承包经营权是否流转和流转的方式，例如承包方可以自主决定采取转包、出租、互换、转让或者其他方式进行流转。任何组织或个人不得强迫或者阻碍，承包方进行土地承包经营权的流转土地承包经营权流转的收益归承包方所有，任何单位和个人不得擅自截留、扣缴。同时，承包方进行土地承包经营权的流转必须依法进行，即土地承包经营权的流转不得改变土地所有权的性质和土地的农业用途；流转的期限不得超过承包期的剩余期限；土地承包经营权流转的受让方须有农业经营能力。

第二，承包地被依法征用、占用的，有权依法获得相应的补偿。根据土地管理法的规定，征地补偿应当按照被征用土地的原用途确定补偿标准和补偿数额。补偿费用应当包括土地补偿费、安置补助费以及地上附着物和青苗的补偿费。土地补偿费是给予土地所有者和承包人因投入而造成损失的补偿，应当归土地所有者和承包人所有；安置补助费是用于被征地的承包人的生活安置的；地上附着物和青苗的补偿费归地上附着物、青苗的所有者（即承包人）所有。

第三，其他法定权利。

承包方应当承担的义务有：

第一，维持土地的农业用途，不得用于非农建设的义务。“农业用途”是指将土地直接用于农业生产，从事种植业、林业、畜牧业、渔业生产。“非农建设”是指将土地用于农业生产目的以外的建设活动，例如在土地上建造房屋、建造工厂等。需要强调的是，要求承包方维护土地的农业用途，不得用于非农建设，并不是对承包方土地承包经营权的不合理限制。承包方在农业用途的范围内可以自由决定种什么，怎么种，如承包方可以在承包土地上种蔬菜，种粮食，还可以种其他经济作物。

第二，依法保护和合理利用土地，不得给土地造成永久性损害的义务。依法保护土地，是指作为土地使用人的承包方对土地生产能力进行保护，保证土地生态环境的良好性能和质量。合理利用土地是指承包方在使用土地的过程中，通过科学使用土地，使得土地的利用与其自然的、社会的特性相适应，充分发挥土地要素在生产活动中的作用，以获得最佳的经济、生产、生态的综合效益。具体讲要做到保护耕地、保护土地生态环境、提高土地利用率、防止水土流失和盐碱化。为达到此目的，承包方应当采取有效的整治和管理土地的措施。同时，还要求承包方不得给土地造成永久性损害。“永久性损害”是指使土地不再具有生产能力、不能再被利用的损害，例如在土地上过度使用化肥或向土地长期排污，使土地不能被利用，承包方应当赔偿由此造成的损失。

第三，其他法定义务。

上述所有权利义务，以及其他法律法规明确规定的发包方和承包方的法定权利、义务，不论承包合同是否有约定或如何约定，都以法律规定为准，任何组织和个人都不得违反和干扰这些权利和义务的实施。即使土地承包双方当事人在承包合同中没有约定，其仍然依法享有权利和承担义务。如果承包合同中有限制权利或者减轻、放弃义务的条款，则该条款不具有法律效力。

（4）承包的原则与程序

土地承包应当遵循的原则：一是平等自愿的原则。本集体经济组织内的农户享有平等地承包土地的权利，也有自愿放弃承包土地承包的权利。这里的平等包含两层意思：人人有份和人人平均；二是民主协商，公平合理的原则。“民主协商”就是要求发包方在发包过程中应当充分听取和征求本集体经济组织成员的意见，不得搞暗箱操作和“一言堂”。“公平合理”就是要求本集体经济组织成员之间所承包的土地在土质的好坏、距离居住地远近、水源条件等不应有太大的差别，尽可能照顾到绝大多数人的利益；三是方案公开和村民决议的原则。拟施行的承包方案应公开，并经村民会议2/3以上村民同意；四是承包程序合法的原则。发包过程要符合法定程序。

土地承包应当遵循的程序：一是选举产生承包工作小组；二是由承包小组拟定并公布承包方案；三是承包方案需经村民会议讨论通过；四是公开组织实施承包方案；五是签订承包合同。

（5）承包期限和承包合同

承包期限。包括广义和狭义两种。广义的承包期限，是指承包农村土地时，由当事双方在承包合同中约定的期限。不论是家庭承包还是其他方式的承包，在承包合同中都有承包期限的条款。狭义的承包期限，则仅指家庭承包期限，这种期限虽然在承包合同中也有相关条款，但其内容要符合法律法规的规定，当事双方不得自行设定，否则无效。《农村土地承包法》规定，耕地承包期限是30年，草地承包期限是30年至50年，林地的承包期限是30年至70年，特殊林木的承包期经国务院林业行政主管部门批准还可以延长；由于全国开展第二轮延包的时间不一致，有的地方自1993年开始，有的往后推了好多年。例如江西省第二轮承包是1998年开始的，那么，江西省的家庭承包期限起点就是1998年，按耕地承包期限30年计算，第二轮承包期限要到2028年为止。在此期间内，承包方享有稳定的土地承包经营权，依照法律的规定和合同的约定，行使权利，承担义务。

承包合同。是指发包方与承包方之间达成的、关于农村土地承包权利义务关系的协议。一般包括以下条款：发包方、承包方的名称，发包方负责人和承包方代表的姓名、住所；承包土地的名称、坐落、面积、质量等级；承包期限和起止日期；承包土地的用途；发包方和承包方的权利和义务；违约责任等。

土地承包合同自当事双方签字之日起成立生效，承包经营权自合同成立生效时取得。虽然《农村土地承包法》要求县级以上地方人民政府应向承包方颁发土地承包经营权证，但发证与否并不是农户取得承包经营权的前提条件。不管是否发证，只要承包合同成立生效，农户就取得了承包经营权。

2. 其他方式的承包

（1）其他方式承包的特征及与家庭承包的区别

其他方式承包是指对于不宜采取家庭承包方式的荒山、荒沟、荒丘、荒滩等土地资源，即“四荒”地，可以采取招标、拍卖、公开协商等市场化方式承包。由于此类土地资源在我国农村还有巨大的开发潜力，但利用难度大，需要的投入相对较多，总体上说单家独户的农户难有开发利用能力。采取市场化方式承包“四荒”地，有利于鼓励和吸引社会上有农业经营能力和资本技术实力的企业和个人到农村开发利用“四荒”资源，改善生态环境，促进农业可持续发展。与家庭承包方式的区别主要体现在：

①承包方不同　作为家庭承包的承包方只能是本集体经济组织的成员，发包方不能随便选择；其他方式承包的承包方可以是本集体经济组织成员，也可以不是，而且往往更多的是外来的组织（企业）和个人。

②承包的对象和功能不同　家庭承包的对象是耕地、林地、草地或果园、水面等常用农村土地，而其他方式承包的对象是“四荒”地。家庭承包的对象具有很强的福利和社会保障功能，而“四荒”地通常不具备这种功能。

③承包的方式和原则不同　家庭承包采用的是人人有份的平均分配方式，遵循公平原则；其他方式承包采用的是招标、拍卖和公开协商等市场化运作方式，体现效率优先的原则。

④确定双方当事人权利与义务的方式不同　家庭承包的权利与义务主要是依法确定，法律有明确规定；其他方式承包则主要靠双方平等协商，达成一致的方法确定。

⑤权利的保护方式不同　家庭承包方式取得的土地经营权以物权方式保护，其他方式承包取得的承包经营权则以债权方式保护。

⑥其他方面的不同　一是承包期限不同（家庭承包期限由法定，其他方式承包期限按约定，但最长不得超过50年）；二是管理方式不同（家庭承包按物权方式管理、其他承包方式按债权方式管理）；三是经营权取得方式不同（家庭承包方式的承包方自承包合同生效时即取得了土地承包经营权，而其他方式承包取得的土地承包经营权，必须依法登记，才取得承包经营权证）；四是经营权流转不同（以其他方式承包取得的土地使用权可以抵押，而家庭承包取得的经营权则不能抵押）；五是继承方式不同（其他方式承包的承包人死亡，其应得的承包收益，依照继承法的规定继承；在承包期内，其继承人可以继续承包，而家庭承包如果承包户消亡，则不再继续承包）。

（2）其他方式承包的当事人

第一，承包方。其他方式承包的主体和家庭承包的主体是不同的，它不局限于本集体经济组织内部成员，其他集体经济组织的成员、或者其他从事农业生产经营的企业、城镇个人，只要其具备农业经营能力，均可按照招标、拍卖、公开协商等法定程序参与承包，通过与发包方签订合法的承包合同取得承包权。

由于治理和开发“四荒”地一般需要大量资金、技术投入，一般的农户难以承担。为此，《农村土地承包法》及国务院办公厅《关于进一步做好治理开发农村“四荒”资源工作的通知》，都鼓励社会单位、组织和个人积极参与。当然，法律和政策对有能力参与治理和开发“四荒”资源的本集体经济组织的农民也是给予积极支持的，并规定同等条件下，本集体经济组织内的农民享有优先权。法律赋予集体组织成员的优先权，目的是在提高土地利用率的同时，最大限度地维护农民的生存利益。如果在同等条件下，发包方不顾本集体组织成员的优先权，而擅自将土地承包给第三人，本集体组织成员有权向农村土地仲裁机构或有管辖权的法院申请确认该发包行为无效。

第二，发包方。①依法属于村集体经济组织的“四荒”地，发包方为村集体经济组织或代行其职责的村民委员会；②依法属于村内各集体经济组织所有的“四荒”地，发包方为拥有该“四荒”地的集体经济组织或代行其职责的村民小组；③国家所有但依法由村民使用的“四荒”地，其使用权属村集体的，发包方为村民委员会；其使用权属村小组的，发包方为村民小组。

（3）其他方式承包的具体形式

对荒山、荒沟、荒丘、荒滩等土地资源发包的具体形式有招标、拍卖、公开协商等，也可以将土地承包经营权折股分给本集体经济组织成员后，再实行承包经营或者股份合作经营。

①招标投标　是市场经济条件下促进效率优化资源的一种交易方式，其根本原则是公开、公平、公正和诚实信用。采用招标投标方式进行交易活动的最显著特征，是将竞争机制引入了交易过程，具有明显的优越性，主要表现在：一是招标方通过对各投标竞争者的条件进行综合比较，从中选择资信情况良好和经营能力强的农业经营者作为中标方，与其签订土地承包合同，这显然有利于调动农民和社会的资金和力量，将过去闲置的“四荒”资源重新优化配置，形成新的生产力；二是招标投标活动要求依照法定程序公开进行，有利于集体经济组织成员的监督，促进农村集体经济组织基层的民主建设。

②拍卖　是指以公开竞价的形式，由应买人提出各种标价，通过公开竞争，由拍卖人通过击锤等特定方式接受某项出价的买卖方式。拍卖活动的公开性和竞

争性充分体现在拍卖的程序上，它必须经过 3 个步骤：一是拍卖人将拍卖物的种类、拍卖处所、拍卖日期及其他必要事项公开告知公众。拍卖必须是公开的出卖。拍卖人所公开表示的出卖意思本身并不是买卖合同意义上的要约，而只是邀请谈判（或称“要约邀请”）。二是在规定的拍卖日期和拍卖地点，拍卖人当众拍卖规定的物品。拍卖的性质决定了应买人必须是多数人。各个应买人在拍卖过程中可以以竞相抬高价格的方式出价购买。应买人的出价就是法律意义的要约。应买人的出价对他自己有约束力，但是，在拍卖人拍定以前，应买人可以随时撤回自己的出价。三是拍卖人对于应买人所作的意思表示作出承诺，这种承诺就叫拍定，是拍卖人表示卖定的意思。拍定意味着拍卖人接受应买人的要约，一经拍定，买卖合同便告成立。

③公开协商　是指发包方与有意承包“四荒”的当事人在平等、自愿的基础上，公开就承包的相关事宜进行协商，选择承包条件最好的承包方签订承包合同。

④土地承包经营权折股　是指为支持和鼓励集体经济组织、农户广泛参与“四荒”资源的承包，实现利益分享、风险共担，发包方将土地承包经营权折股，分给本集体经济组织成员后，再实行承包经营或者股份合作经营，有利于降低生产经营费用和其他成本。

（4）发包的原则与程序

农村集体经济组织在实施“四荒”资源的发包，必须坚持公开、公平、自愿、公正原则，最大限度保护本集体经济组织所有成员的利益，保证“四荒”资源得到合理开发利用。发包方发包时应当履行如下程序：

一是发包方将农村土地发包给本集体经济组织以外的单位或者个人承包的，应当事先经本集体经济组织成员的村民会议 2/3 以上成员或者 2/3 以上村民代表的同意，并报乡（镇）人民政府批准。

二是由本集体经济组织以外的单位或者个人承包的，应当对承包方的资信情况和经营能力进行审查后，再签订承包合同，从而保证“四荒”等土地资源能够得到合理开发利用，承包合同能得到全面履行，防止农民集体经济组织利益受到损害。

3. 农村土地承包合同管理

（1）农村土地承包合同的概述

农村土地承包合同是发包方与承包方之间达成的，关于农村土地承包权利义务关系的协议。承包合同自成立之日起生效，即具有法律效力。实践中，通常所说的农村土地承包合同还包括农村土地流转合同。

农村土地承包合同的分类按承包方式可划分为家庭承包合同、其他方式承包合同。需要注意的是，家庭承包合同具有明显的特殊性：

①家庭承包合同的主体是法定　发包方是与土地集体所有者相一致的农村集体经济组织，或者代其职责的村委会、村民小组。承包方是本集体经济组织内的农户。需要特别说明的是，农村集体经济组织与村民委员会并不是同一概念。如前所述，农村集体经济组织是由合作化运动发展而来的，是由当时农民将其所有的土地交合作社后所形成的基本经济单位，而村民委员会是人民公社解体后，按生产大队区域而成立的社区自治组织，严格来说，发包人必须是对发包土地拥有所有权的集体经济组织，而不能是村委会。但考虑到现行农村的实际，集体经济组织的发包权一般都是由村委会或村民小组代行。为保障农民的承包权利，法律要求统一发展时应当组成发包委员会来具体承担发包工作。

②家庭承包合同的内容大多是法定　根据农村土地承包法律和政策规定，由承包方和发包方签订的确立土地承包关系的合同，承包、发包双方的权利义务主要由国家政策和法律规定。不论承包合同条款如何约定，主要内容都必须以法律规定为准。如家庭承包合同中，不能有承包费的约定，如有则属违法。违法约定的条款，不具备法律效力。

③家庭承包合同的成立　即双方当事人在合同书上签字盖章时成立。但需注意两种特殊情况，一是未订书面合同，但一方已经履行主要义务，且对方已经接受的，合同成立；二是签订了书面合同但没有签字或者盖章的，一方已经履行主要义务，另一方接受的，合同成立。

④家庭承包合同的撤销　合同当事人双方无撤销权，但承包方可自愿中止。

（2）承包合同的形式

合同的形式，是指当事人订立合同所采取的形式，包括书面形式、口头形式和其他形式。民法通则规定，民事行为可以采取书面形式、口头形式或者其他形式。法律规定用特定形式的，应当依照法律规定。合同法规定，当事人订立合同，有书面形式、口头形式和其他形式。法律、行政法规规定采用书面形式的，应当采用书面形式。当事人约定采用书面形式的，应当采用书面形式。我国有的法律中明确规定合同采用书面形式。

土地承包经营权是我国农民的最重要的权利之一，依法订立农村土地承包合同，这是稳定和完善农村土地承包关系的重要保障，涉及亿万农民的切身利益，关系到农业、农村经济发展和农村社会稳定。采用书面形式，明确肯定，有据可查，有利于明确双方的权利义务，有利于防止争议和解决纠纷，也有利于对农村土地承包的规范和承包合同的管理。

（3）承包合同的内容及履行规则

合同的主要内容即合同的条款，具体如下：

①发包方、承包方的名称，发包方负责人和承包方代表的姓名、住所　这是承包合同必须具备的条款。当事人是合同的主体，如果不写明当事人，就无法确定权利的享有者和义务的承担者，发生纠纷也难以解决。因此，要将发包方和承包方的名称或者姓名和住所都在合同上标注清楚。

②承包土地的名称、坐落、面积、质量等级　这是土地承包合同权利义务指向的对象，也是合同的必备条款，否则合同不能成立，承包关系无法建立。其中，土地的坐落是指土地的所在地，土地的质量等级是指土地管理部门依法评定的土地等级，是反映土地生产能力的重要指标之一。对于这些内容，合同中要规定细致、清楚，以防止产生差错和纠纷。

③承包期限和起止日期　承包期限是承包方依法享有权利，承担义务的期间。期限直接关系到合同权利义务的延续时间，涉及当事人的利益，也是确定合同是否按时履行或者迟延履行的客观依据。由于土地承包期限是法定的，当事人只能在《农村土地承包法》第 20 条规定的范围内确定承包期限。另外，为了确定合同权利义务的具体期限，合同中还要规定合同的起止日期。

④承包土地的用途　按照《农村土地承包法》的规定，承包土地只能用于农业。对“农业”的范围，《中华人民共和国农业法》（以下简称为《农业法》）规定，该法所称农业，是指种植业、林业、畜牧业和渔业。《土地管理法》规定，农民集体所有的土地由本集体经济组织的成员承包经营，从事种植业、林业、畜牧业、渔业生产。因此，承包土地只能用于从事种植业、林业、畜牧业和渔业生产。

⑤发包方和承包方的权利和义务　包括《农村土地承包法》、《土地管理法》、《农业法》、《中华人民共和国渔业法》、《中华人民共和国森林法》、《中华人民共和国草原法》等法律法规中规定的权利义务。当事人也可以在不违反国家法律、行政法规规定的情况下，约定其他的权利义务。

⑥违约责任　是指承包合同当事人一方或者双方不履行合同或者不适当履行合同，依照法律的规定或者按照当事人的约定，应当承担的法律责任，比如支付违约金、赔偿损失等。违约责任是促使当事人履行合同义务，使对方免受或者减少损失的重要法律措施，也是保证合同履行的主要条款。

农村土地承包合同的内容，应当遵守法律法规的有关规定，合同一经签订后，即形成有效合同，对当事人具有法律约束力，当事人应当按照约定履行自己的义务。合同受法律保护，发包方不得因承办人员或负责人的变动而变更、解除，也不得因集体经济组织的分立或者合并而变更或者解除。如果发包方与承包方签订的承包合同中有违背法律相关规定的内容，该合同内容无效。无效合同由于违反了法律、行政法规的强制性规定，对当事人不具有法律约束力，国家不予保护。

（4）合同解除的法定情形

①因不可抗力而解除；②因合同届满而解除；③合同约定解除的条件成立时而解除；④因不能实现合同承包目的而解除；⑤承包方无力经营且本人自愿解除；⑥承包方在承包期内死亡且无人继承其承包经营权而解除；⑦承包方在承包期内进行破坏性、掠夺性经营，经发包方劝阻无效而导致合同解除；⑧承包方随意改变土地用途，经劝阻无效而解除；⑨其他法定解除的情形。凡属于上述情形的，合同双方当事人可以要求依法解除合同，否则解除合同即构成违约。

（5）合同变更的法定情形

变更方式：由当事双方协商。协商不成可以申请由人民法院或者仲裁机构变更。

变更情形：一是因重大误解而订立；二是订立合同时显失公平。一方以欺诈手段或者乘人之危，使对方在违背真实意思的情况下订立的合同，受害方有权请求法院或者仲裁机构变更。

（6）认定合同无效的具体情形

根据《中华人民共和国合同法》52 条规定，有 5 种情形的合同无效：一是一方以欺诈、胁迫的手段订立合同，损害国家利益；二是恶意串通，损害国家、集体或者第三人利益；三是以合法形式掩盖非法目的；四是损害社会公共利益；五是违反法律、行政法规的强制性规定。

土地承包合同具有特殊性，除以上情形外，出现下列具体情形也属无效：一是发包方违法收回调整承包地并另行发包给第三方的；二是发包方强迫承包方流转并签订流转合同的；三是承包方未经发包方同意擅自转让土地承包经营权的；四是承包方以土地承包经营权抵押或者抵偿债务的；五是其他方式承包未依法登记取得承包经营权而进行流转的。

（7）承包合同履行中的违约形式及违约责任

①发包方的主要违约形式及违约责任

第一，干涉承包方依法享有的生产经营自主权。农民承包土地后，依照《农村土地承包法》第16条，除有法律禁止外，种植什么、怎样种植、收获的农产品怎么卖、什么时候卖、卖给谁等，完全自己做主，任何人不得违法干涉。但现实中往往有发包方以结构调整、规模经营等为由，强迫农民建“样板田”、示范基地，违背承包农民意愿，强迫其在划定区域内必须种什么，对不听话的农民强行处罚，甚至还出现拔苗、毁地等严重干涉农民自主经营权等违约行为。对于此类违约行为，发包方应当承担停止侵害、恢复原状、排除妨害、赔偿损失的民事责任。

第二，发包方非法变更、解除合同。承包合同依法成立后即具有法律效力，双方当事人必须认真履行，任何一方均不得擅自变更、解除合同。《农村土地承包法》第26条、第27条规定，家庭承包的承包期内，非发生法律规定的事由，发包方不得收回和调整承包地。但在现实中，有些地方经常以人口变动、欠交税费为由，基层组织凭借权力单方面解除农户原有的承包合同，或者以划分“口粮田”和“责任田”等为由收回承包地搞非法招标承包，强迫承包方变更其土地承包经营权，对土地重新发包或进行调整。特别是在我国，歧视妇女的陋习在一些地方还得不到根除，妇女出嫁、离婚后，往往存在其承包地被强制收回，发包方非法解除合同的情况。发包方对上述违约行为应承担停止侵害、返还原物、恢复原状、排除妨害、消除危险、赔偿损失等民事责任。

第三，强迫或者阻碍承包方进行土地承包经营权流转。《农村土地承包法》第10条规定：“国家保护承包方依法、自愿、有偿地进行土地承包经营权流转”。第34条规定：“土地承包经营权流转的主体是承包方。承包方有权依法自主决定土地承包经营权是否流转和流转的方式”。承包方在进行土地承包经营权的流转时，除以转让方式流转须经发包方同意外，其他流转的方式，发包方一律无权干涉。但是，目前，一些地方在招商引资中引进工商企业进入农业，往往需要大面积集中连片土地，基层政府对企业需要的土地不管农民愿意不愿意，强迫农民流转，流转合同由政府或村组包办，流转价格由政府规定，而不是由流转双方平等协商，农民利益得不到保障，甚至损害农民的土地承包权益。对这种侵权行为，根据《农村土地承包法》第54条规定，发包方应承担停止侵害、返还原物、恢复原状、排除妨害、消除危险、赔偿损失等民事责任。

②承包方的主要违约形式及违约责任

第一，承包方改变土地的农业用途，用于非农建设。根据《农村土地承包法》第17条的规定，承包方享有承包地使用、收益和土地承包经营权流转的权利，同时也承担维持土地的农业用途、不得用于非农建设的义务。实践中，有些农户错误地认为，这块由我承包，怎么用是我的事，别人管不着。故在农村承包地建房、挖塘养鱼、取土烧砖等破坏耕地的现象屡见不鲜。此外，根据《农村土地承包法》第56条的规定，当事人一方不履行合同义务或履行义务不符合约定的，应当按照《中华人民共和国合同法》的规定承担违约责任。如承包方在承包经营活动中出现上述行为，即是严重的不履行合同义务或履行义务不符合约定的行为，就应承担相应的违约责任。

第二，承包方进行破坏性、掠夺性经营，给土地造成永久性损害的。给土地造成永久性损害，是指由于对土地的不合理耕作、掠夺式经营、建造永久性建筑物或者构筑物、取土、采矿以及其他不合理使用土地的行为，造成土地荒漠化、盐渍化、破坏耕作层等严重破坏耕种条件的情况，以一般的人力、物力难以恢复种植条件的损害。发包方一旦发现承包方有给承包地造成永久性损害情况的行为时，有权制止承包方的行为，并有权要求承包方赔偿由此造成的损失。《农村土地承包法》第60条第2项规定："承包方给承包地造成永久性损害的，发包方有权制止，并有权要求承包方赔偿由此造成的损失"。

第三，以其他方式承包的承包方没有依约定交纳承包费。农村土地承包合同的承包方有依合同约定交纳承包费的义务。承包方应当依承包合同约定的时间、期限、数额交纳承包费，不得无故逾期交纳、拒绝交纳或少交纳，否则，即构成违约。构成违约的，应当按照《中华人民共和国合同法》的规定承担违约责任，对于因承包费或交纳承包费等方面产生争议的，承包合同的双方当事人可请求人民法院予以解决。

4. 农村土地承包档案管理

农村土地承包档案是在实施农村土地承包、流转及纠纷调解仲裁过程中形成的具有保存价值的文字、图表、声像等不同形式和载体的历史记录，是贯彻落实党和国家农村土地承包法律政策的重要历史见证，是广大基层干部和农民群众实施土地承包实践活动的真实记录，是依法落实和维护农民土地承包权益的重要依据。农村土地承包档案工作是事关党的农村基本政策、国家农村基本经营制度和农民核心经济利益的一项十分重要的基础工作。

（1）农村土地承包档案管理的基本原则

①分级管理原则　各级农村土地承包管理部门是本级农村土地承包档案的形成机关，也是管护工作的第一责任人，按照档案工作的标准和要求，做好本级农村土地承包档案的收集、整理、保管和利用等工作；农村集体经济组织、村（居）民委员会负责加强基层农村土地承包档案管理工作力度，受农村土地承包管理部门的指导、监督。实行县、乡镇（街道）、村三级分级管理。

②集中保管原则　农村土地承包档案是各级农村土地承包管理部门档案卷宗中不可分割的重要组成部分，必须由档案形成单位集中保存，科学管理，不得分散。各级农村土地承包管理部门，特别是县级农村土地承包管理部门和乡镇农村土地承包管理机关，要按照国家有关规定，配备档案管理设施设备，改善档案保管条件，确保农村土地承包档案有专人管理、有专柜存放、有专用档案室保管。

③科学分类归档原则　农村土地承包管理工作形成的历史记录种类繁多、内容丰富，一般可分为：文书（综合）类、合同类、确权登记类、纠纷调处类等。档案工作的开展要根据实际工作和使用方便的需要，科学分类、明确归档部门。如土地承包（流转）合同及备案（同意）的原始材料、土地流转委托书等档案材料，由村（居）民委员会或农村集体经济组织归档保存更利于农民及管理部门方便查阅。

（2）农村土地承包档案归档范围及归档单位

①各种会议材料、文件、规划、方案、报告、检查记录、计划总结、统计汇总材料和电子声像材料等，由主办单位归档保存；

②承包土地调整方案批件、土地承包经营权登记申请书、土地承包经营权登记簿、土地承包经营权空间位置图、土地承包情况汇总清册、土地承包经营权权属证明文件、现场勘界确认材料、公告材料、登记核准文件、登记台账、权属变更登记材料、登记发证原始材料、登记管理信息系统备份等，由县级人民政府农村土地承包管理部门归档保存；

③土地承包（流转）合同、承包土地调整方案审核意见等档案材料，由乡镇人民政府农村土地承包管理机关归档保存；

④土地承包工作小组名单、土地承包方案、承包土地调整方案、村民会议或村民代表会议关于土地承包问题的决议（意见）和会议记录、土地承包台账、土地承包（流转）情况统计表、土地承包（流转）合同及备案（同意）的原始材料、承包土地转让（互换）申请书、土地流转委托书等档案材料，由村（居）民委员会或农村集体经济组织归档保存；

⑤土地承包问题信访、调解仲裁土地承包经营纠纷形成的原始记录及调处文书等文件材料，由受理机关和单位归档保存。

⑥不具备安全保管条件的，应将档案材料整理后，移交本部门（机关）档案部门归档保存。

（3）档案保管期限

保管期限定为永久、定期两种。主要分类如下：

①土地承包方案、承包土地调整方案、土地承包台账、土地承包（流转）合

同、土地承包经营权登记簿及原始材料和文书及空间位置图、纠纷调解仲裁文书、权属证明文件及重要声像材料等，定为永久保管。

②本机关、本单位政策性文件，重要会议、重大活动、重要业务文件，重要问题的请示与批复，重要报告、总结、统计、汇总材料，重要合同协议、凭证性文件材料，重要业务问题的往来文书等，定为永久保管。

③上级机关颁发的需要本机关、本单位贯彻执行的文件和一般职能活动形成的一般性、过程性文件可定为定期保管。定期一般分为30年和10年。

（4）档案收集整理的要求

已办理完必须归档的文件材料应及时归档，任何组织和个人不得据为己有或者拒绝归档。文书（综合）类文件材料，按年度整理归档；土地承包（流转）合同、纠纷调解仲裁案卷、确权和登记档案材料，按照合同、调解仲裁申请标的和权利人分别整理保管，在相关工作完成后及时归档；权属发生变化时，应及时补充变更材料和原始记录。

整理归档后，应编制档案检索目录。

（5）安全保管档案的要求

配备档案库房或档案专柜及相应的设施设备，采取各种防范措施，切实做好防火、防盗、防潮、防尘、防光、防污染、防鼠、防虫及防霉等工作，确保档案安全。村组档案应指定专人进行保管，对不具备档案安全保管条件的可由乡镇代为保管。县乡两级档案要按照国家有关法律法规规定，在保管一定期限后及时向县级国家综合档案馆移交。不具备档案安全保管条件的单位，可提前移交。涉及国家秘密的，档案保管和利用要符合国家有关涉密文件档案管理的规定。

5. 农村土地承包经营权证的管理

农村土地承包经营权证是农村土地承包合同生效后，国家依法确认承包方享有土地承包经营权的法律凭证，只限承包方使用。我国现有土地承包关系大部分开始于1993年。当时法律法规只要求签订承包合同，没有强制发证规定。虽然有些地方作了发证尝试，但没有统一的要求。2004年农业部发布《农村土地承包经营权证管理办法》，对权证的样式、颜色、规格、内容等作出统一规定。要求地方县级人民政府，对实行家庭承包的土地，在依法签订承包合同后，应颁发由县政府盖章的《农村土地承包经营权证》予以确认。承包草原、水面、滩涂从事养殖业生产活动的，依照《中华人民共和国草原法》、《中华人民共和国渔业法》等有关规定确权发证。以江西省为例，2004年江西省下发了《关于进一步做好全省农村土地承包经营权证落实到户工作意见》，对农村土地承包经营权证发放工作进行一次全面清理，加强了管理工作力度。截止到2011年底，江西省已累计发放农村土地承包经营权证书795余万本，农村土地承包关系基本稳定。

农村土地承包经营权证管理工作的主要内容：

（1）承包经营权证相关管理部门的职责

①农村土地承包经营权证由县级以上地方人民政府颁发。

②县级以上地方人民政府农业行政主管部门履行农村土地承包经营权证的备案、登记、发放等职责。

③乡（镇）农村经营管理部门在办理农村土地承包经营权证过程中应当履行下列职责：查验申请人提交的有关材料；就有关登记事项询问申请人；如实、及时地登记有关事项；需要实地查看的，应进行查验。在实地查验过程中，申请人有义务给予协助。

④乡（镇）人民政府要完善农村土地承包合同、农村土地承包经营权证及其相关文件档案的管理制度，建立健全农村土地承包信息化管理系统。

（2）承包经营权证登记的内容

①名称和编号；②发证机关及日期；③承包期限和起止日期；④承包土地名称、坐落、面积、用途；⑤农村土地承包经营权变动情况；⑥其他应当注明的事项。其中，所载明的权利有效期限，应与依法签订的土地承包合同约定的承包期一致。

（3）承包经营权证颁发程序

实行家庭承包的，农村土地承包经营权证颁发程序是：

①土地承包合同生效后，发包方应在30个工作日内，将土地承包方案、承包方及承包土地的详细情况、土地承包合同等材料一式两份报乡（镇）人民政府农村经营管理部门。

②乡（镇）人民政府农村经营管理部门对发包方报送的材料予以初审。材料符合规定的，及时登记造册，由乡（镇）人民政府向县级以上地方人民政府提出颁发农村土地承包经营权证的书面申请；材料不符合规定的，应在15个工作日内补正。

③县级以上地方人民政府农业行政主管部门对乡（镇）人民政府报送的申请材料予以审核。申请材料符合规定的，编制农村土地承包经营权证登记簿，报同级人民政府颁发农村土地承包经营权证；申请材料不符合规定的，书面通知乡（镇）人民政府补正。

实行招标、拍卖、公开协商等其他方式承包农村土地的，按下列程序办理农村土地承包经营权证：

①土地承包合同生效后，承包方填写农村土地承包经营权证登记申请书，报承包土地所在乡（镇）人民政府农村经营管理部门。

②乡（镇）人民政府农村经营管理部门对发包方和承包方的资格、发包程序、承包期限、承包地用途等予以初审，并在农村土地承包经营权证登记申请书上签署初审意见。

③承包方持乡（镇）人民政府初审通过的农村土地承包经营权登记申请书，向县级以上地方人民政府申请农村土地承包经营权证登记。

④县级以上地方人民政府农业行政主管部门对登记申请予以审核。申请材料符合规定的，编制农村土地承包经营权证登记簿，报请同级人民政府颁发农村土地承包经营权证；申请材料不符合规定的，书面通知申请人补正。

（4）承包经营权发生变更的情形及变更程序

①发生承包经营权变更的情形　一是因集体土地所有权变化的；二是因承包地被征占用导致承包地块或者面积发生变化的；三是因承包农户分户等导致土地承包经营权分割的，如因转让、互换以外的其他方式导致农村土地承包经营权分立、合并的，应当办理农村土地承包经营权证变更；四是因土地承包经营权采取转让、互换方式流转的，即将土地承包经营权换由或者转给他人行使，承包经营权的主体发生了变更，故应办理变更登记，向社会公示权利主体的变化，以保护善意第三人；五是因结婚等原因导致土地承包经营权合并的；六是承包地块、面积与实际不符的；七是承包地灭失或者承包农户消亡的；八是承包地被发包方依法调整或者收回的；九是其他需要依法变更、注销的情形。

②农村土地承包经营权的变更程序　一是由当事人向乡（镇）人民政府农村经营管理部门申请变更，并提交变更的书面申请书、已变更的农村土地承包合同或其他证明材料、农村土地承包经营权证原件等相关资料；二是乡（镇）人民政府农村经营管理部门受理变更申请后，及时对申请材料进行调查、审核；三是对于符合规定的，报请原发证机关办理变更手续，并在农村土地承包经营权证登记簿上记载。

（5）承包经营权证的换发、补发和收回的情形及程序

应依法收回农村土地承包经营权证的情形：①承包期内，承包方提出书面申请，自愿放弃全部承包土地的。②承包土地被依法征用、占用，导致农村土地承包经营权全部丧失的。③其他收回土地承包经营权证的情形。需要说明的是，承包期内，承包方全家迁入设区市落户的情形，例如，江西省出台了最新政策，对进入设区市城落户的农民，可以根据本人意愿，保留其承包土地的经营权，也允许依法有偿流转，任何人不得强行收回其承包地以致其经营权丧失。收回的农村

土地承包经营权证，退回原发证机关，加盖“作废”章，注销该证（包括编号），并予以公告。

承包经营权证的换发、补发情形。农村土地承包经营权证严重污损、毁坏、遗失的，承包方应向乡（镇）人民政府农村经营管理部门申请换发、补发。经审核后，报请原发证机关办理换发、补发手续。办理农村土地承包经营权证换发、补发手续，应以农村土地经营权证登记簿记载的内容为准。办理后，在农村土地承包经营权证上注明“换发”、“补发”字样。

（6）日常管理中几个确权确地问题的处理

①未签订第二轮承包合同的确权确地问题的处理　例如，江西省目前土地承包关系是1998年开始延包后形成的，农村土地承包关系总体稳定。但也存在第二轮承包工作没有完成或不规范、导致没有签订第二轮承包合同、没有发放农村土地承包经营权证的问题。对于此类情况，应以第二轮承包耕地面积的事实为依据，通过重新签订承包合同进行确权；第一轮承包后土地调整变动频繁，原承包关系变化大、难以搞清情况的，可以结合税费改革和粮食直补核定到户的面积作参考。

②对自行委托代耕、自找对象转包农户问题的处理　对前些年自行委托代耕、自找对象转包，当时既无协议又未签订流转合同，现在又想要回承包地的农户，乡、村组织要做好工作，恢复原承包户的承包经营权，农村土地承包经营权证要发到原承包户手中，同时可引导其继续流转，签订规范的流转合同。

③对“特殊群体”承包地确权问题的处理　在换发农村土地承包经营权证工作中，应切实保护妇女的合法权益，任何组织和个人不得剥夺、侵害妇女应当享有的土地承包经营权。对农村婚嫁妇女和入赘男子的原承包地，要按国家的法律政策规定保持不变。对在校或待业的大中专学生、现役军人、民办教师、“两劳”人员，没有由乡、村负责供养的“五保户”和无承包经营能力户，在换发、补发农村土地承包经营权证时，应作为可承包土地的人口对待，不准借机在证上“核减”。

④对种养大户、“外来户”如何确权确地问题的处理　对本集体经济组织成员中的种养大户，其本身承包的土地应确权确地，颁发权证。种养大户、“外来户”的种养面积涉及其他承包户的，除符合法律规定的书面转让合同外，其他流转形式的地块，农村土地承包经营权证应发放到原承包户手中。但符合“依法、自愿、有偿”的土地流转原则的，其流转关系应维持不变。有争议的，应先解决争议，后发放农村土地承包经营权证。

⑤对移民确权确地问题的处理　应尽可能利用土地资源丰富、有新增加地或

一定机动地的地方安排移民。移民已迁入接收地的，应确权确地。移民部门要抓紧探索新形势下移民安置的新路子，妥善解决完善土地第二轮承包后的移民安置问题。

⑥对已挖塘养鱼或种果树苗木的耕地确权确地问题的处理　过去是耕地，现在已挖塘养鱼或种果树苗木的，如仍由原承包农户经营的，还按原承包面积发放《农村土地承包经营权证》。

（7）农村土地承包经营权登记试点工作

以家庭承包经营为基础、统分结合的双层经营体制是我国农村基本经营制度，是党的农村政策的基石。党和国家先后出台了一系列稳定农村土地承包关系的法律法规和政策，在第二轮承包工作中，依法确认了农民对承包土地的占有、使用、收益权利，使广大农民获得了长期而有保障的土地承包经营权。随着2007年《物权法》的颁布，明确了土地承包经营权用益物权性质，中央文件多次提出，依法赋予农民更加充分而有保障的土地承包经营权。巩固以家庭承包经营为基础的农村基本经营制度，保持现有土地承包关系稳定并长久不变，探索建立健全登记制度，必须依法赋予和保护农民土地承包经营权，为促进农业现代化和农村和谐稳定提供体制保障。

在此政策背景下，农业部、财政部、国土资源部、中央农村工作领导小组办公室、国务院法制办、国家档案局出台了《关于开展农村土地承包经营权登记试点工作的意见》，明确了农村土地承包经营权登记工作任务：严格执行农村土地承包法律政策，在农村集体土地所有权登记发证的基础上，进一步完善耕地和“四荒地”等农村土地承包确权登记颁证工作，以现有土地承包合同、权属证书和集体土地所有权确权登记成果为依据，查清承包地块的面积和空间位置，建立健全土地承包经营权登记簿，妥善解决承包地块面积不准、四至不清、空间位置不明、登记簿不健全等问题，把承包地块、面积、合同、权属证书全面落实到户，依法赋予农民更加充分而有保障的土地承包经营权。2011年，农业部在全国选择了50个县市率先作为开展农村土地承包经营权登记工作的试点单位，进而推动土地承包经营权登记工作的全面开展。

需要说明的是，承包合同、农村土地承包经营权证都是明确家庭承包土地承包经营权归属的行为，但农村土地承包经营权登记是明确土地承包权归属的过程。

当前，在实际工作中，已签合同、发证与登记制度要求不相符的问题主要有：一是已签合同规定的权利义务与法律有冲突；二是已发证书的发证机关与法律规定不一致；三是普遍没有明确地块四至、共有人；四是普遍没有在县级建立登记簿；五是普遍没有空间位置图。

二、农村土地承包经营权流转管理

1. 农村土地流转的概述

（1）土地流转的特点

农村土地承包经营权流转，是拥有土地承包经营权的承包方，在保留土地承包权的前提下，自愿采取转包、出租、互换、转让或其他方式将土地使用权转移给第三人的行为。其主要特点体现在以下 4 个方面：

①关于流转当事人　一是流转的出让方是承包方，主要为本集体经济组织的农户或本集体经济组织及其以外的单位、农户和个人。承包方享有承包地的使用权、收益权、经营自主权、产品处置权和流转权，有权依法自主决定承包土地是否流转、流转的对象和方式，获得流转收益。承包方自愿委托发包方或中介组织流转其承包土地的，应当由承包方出具土地流转委托书，没有承包方的书面委托，任何组织和个人无权以任何方式决定流转农户的承包土地。二是流转受让方可以是承包农户，也可以是其他按有关法律及有关规定允许从事农业生产经营的组织和个人。特别要求受让方应当具有农业经营能力；禁止改变流转土地的农业用途；受让方通过以转包、出租方式流转获得土地使用权后，实行再流转应当取得原承包方的同意；受让方在流转期间因投入而提高土地生产能力的，土地流转合同到期或者未到期由承包方依法收回承包土地时，受让方有权获得相应的补偿。

②关于流转的基本准则　农户承包地流转必须遵循依法、自愿、有偿的基本准则，是规范农村土地流转行为的重要依据，也是衡量土地流转是否合理的根本标准。

③关于流转方式　主要有转包、出租、互换、转让、入股等方式。其中，通过转包和出租方式流转土地承包经营权，原承包方与发包方的权利义务关系不变，仍享有原来的承包经营权；通过互换、转让方式流转的，承包经营权的主体发生了变更，应当报发包方备案，并依照《农村土地承包经营权证管理办法》，申请办理农村土地承包经营权证变更登记手续。

④关于流转管理　流转管理的行政主管机关是农业或林业行政部门，应当加强土地流转管理。遵循“依法、自愿、有偿”原则规范农村土地流转行为，任何组织和个人强迫承包方进行土地承包经营权流转的，应当确认流转无效；建立健全规范化的流转合同管理，流转登记等工作制度；掌握违法流转的法律责任。对

于国家机关及其工作人员有利用职权强迫、阻碍承包方进行土地承包经营权流转等侵害土地承包经营权的行为，给承包方造成损失的，应当承担损害赔偿等责任；情节严重的，由上级机关或者所在单位给予直接责任人员行政处分；构成犯罪的，依法追究刑事责任。

（2）流转的原则

①平等协商、自愿有偿原则　体现在3个方面：一是土地承包经营权流转的双方当事人的法律地位平等，这是土地承包经营权流转的基础。流转的形式、内容、条件和期限等，均由双方协商决定，任何一方不得将自己意志强加给另一方。二是流转必须出于当事人完全自愿，任何单位和个人不得强迫或者阻碍承包方依法流转其承包土地。三是流转是等价有偿的，应当体现公平原则。农村土地承包经营权流转收益归承包方所有。有偿原则并不排斥承包方自愿将其拥有的土地承包经营权无偿流转。土地承包经营权流转的具体事宜应当由双方当事人协商。

②不改变土地所有权的性质和土地的农业用途的原则　土地承包经营权流转的客体是承包方依法享有的土地承包经营权，不是土地所有权。土地流转不得改变土地所有权的性质，必须履行维护土地农业用途的义务。

③流转的期限不得超过承包期剩余年限的原则　土地承包经营权流转是有期限的，该期限不得超过土地承包经营权的剩余期限。如果当事人在土地承包经营权流转合同中未约定流转期限或者约定不明，流转期限也应为承包地承包期限在土地流转时所剩下的期限。

④受让方须有农业经营能力的原则　受让方应当具有农生产的能力，这是对受让方主体资格的要求。倘若其不能从事农业生产，就不能承受土地承包经营权的流转。

⑤本集体经济组织成员优先原则　土地承包经营权流转中，本集体经济组织的成员享有优先权，在同等条件下，即在流转费、流转内容等条件相同，较本集体经济组织以外的人，可以优先取得流转的土地承包经营权。

2. 农村土地承包经营权流转的方式及特点

农村土地承包经营权流转的方式主要有转包、出租、互换、转让、入股等。

（1）转包

是指原承包方将其承包的土地使用权，以一定条件转给第三方从事农业经营，原承包方与发包方的权利义务关系不变。其特点：

①转包主要发生在农村集体经济组织内部农户之间，转包人是享有土地承包

经营权的农户，受转包人是承受土地承包经营权转包的农户；

②受转包人享有土地承包经营权使用的权利，获取承包土地的收益，并向转包人支付转包费；转包无需经发包人许可，但转包合同需向发包人备案；

③土地承包经营权的主体不变，原土地承包关系不变；

④转包应当以书面形式依法签订土地转包合同；受让方将转包的土地实行再流转，应当取得原承包方的同意。

需注意的是，随着农村第二、第三产业的发展和城镇化速度的加快，许多农村劳动力在走入城市时未放弃承担着基本生活保障的土地。因此，在同一农村集体经济组织内部农户之间，将农地交他人耕种的情况复杂多样，有的农户将承包的全部或部分土地转包，有的农户是暂时离开农村，短时期交由他人代耕。《农村土地承包经营权流转管理办法》规定，交由他人代耕不超过一年的，可以不签订书面合同；但代耕期超过1年的，为了避免纠纷的发生，应当签订书面合同。

（2）出租

是指承包方将其承包土地使用权出租给他人从事农业生产经营，并向承包人收取租赁费，原承包方与发包方的权利义务关系不变。其特点：

①出租人是享有土地承包经营权的农户，承租人是本集体经济组织以外的人；

②出租是一种外部的民事合同，应当以书面形式依法签订租赁合同；

③承租人通过租赁合同取得土地承包经营权的承租权，并向出租人支付租金；

④土地承包经营权的主体不变，原土地承包关系不变；

⑤农民出租土地承包经营权无须经发包人许可，但出租合同需向发包人备案；

⑥承租人将土地实行再流转，应当取得原承包方的同意。

（3）互换

是指农村集体经济组织内部的农户之间为方便耕种和各自需要，自愿对各自的土地承包经营权平等协商交换。其特点：

①互换涉及集体经济组织的土地权属，只允许发生在本集体经济内部的农户之间；

②必须双方自愿，协商一致，必须具有农业经营能力；

③互换是一种互易合同，对互换土地原享有的承包权利和承担的义务也相应互换，只要不违反法律或侵害他人的合法权益，发包方不应干涉；

④互换双方取得对方的土地承包经营权，同时丧失自己的原土地承包经

营权；

⑤互换合同签订后，改变了原有的权利分配，应当报发包方备案，并依照《农村土地承包经营权证管理办法》，申请办理农村土地承包经营权证变更登记手续。

（4）转让

是指承包方经发包方同意，将其承包的土地使用权转让给本集体经济组织内其他成员，从事农业经营。其特点：

①转让后，原承包户与发包方确立的土地承包关系自然终止，原承包户的承包经营权丧失。转让土地承包经营权必须严格条件。一是转让承包方应当具备转让土地承包经营权条件，应当有稳定的非农职业或者有稳定的收入来源，倘若没有切实的生活来源，一旦遇到风险，失去赖以生存的土地承包经营权的农民可能造成社会不稳定因素；二是受让人应当是从事农业生产经营的农户；三是转让需经发包方同意。

②承包人采取转让方式流转农村土地承包经营权，经发包方同意转让的，承包方与发包方变更原土地承包合同，可以要求办理农村土地承包经营权证变更、注销、或重发手续。

③受让方通过转让方式取得的土地承包经营权经依法登记后，可以依法进行流转。

（5）入股

是指实行家庭承包方式的承包方之间为发展农业经济，将土地承包经营权量化为股权，并将股权加入组成股份公司或合作社等，从事农业生产经营，按股权分红。入股明显区别于其他流转方式，其特点：

①入股应在承包方间进行，主体只限于农户，是农户之间的自愿联合。

②土地承包经营权入股是农户以入股形式组织在一起，收益按股权分配。而不是将土地承包经营权入股作为赚取经营回报的投资。

③股份合作解散时，入股土地应当退回原承包人。

④农户以入股形式组织起来，从事农业合作生产，是以合作社为主要形式。

需要说明的是，在我国人多地少、农村人口占多数的基本国情下，通过农村土地股份合作社实现规模经营，是增加农民收入，保障农民土地承包经营权的有效路径。农村土地股份合作社运作程序是：依法登记注册、制定合作社章程；承包农户作价入股；签订入股协议；统一对外发包。

3. 家庭承包与其他方式承包的土地承包经营权流转的区别

在我国，农民的土地承包经营权是其赖以生活的基础。目前，只有在第二、三产业发达，大多数农民实现非农就业并有稳定的工作岗位和收入来源的地区，才有可能开展较大范围的土地流转，发展适度规模经营。而大多数农村尚不具备这个条件，农村社会保障机制未完全形成，农村土地仍承担着社会福利和社会保障功能。而其他方式承包土地流转经营权是通过招标、拍卖、公开协调等市场化的行为，并支付一定的对价获得的。因此，我国目前是以家庭承包土地流转为主，其他方式的土地承包经营权流转为辅。对于家庭承包方式的土地承包经营权流转与其他方式承包的土地承包经营权流转相比，具有更多的限制及要求。主要区别体现在以下几方面：

（1）流转的客体不同

在家庭承包中，流转的客体一般为耕地、林地和草地的承包经营权。而其他方式的承包，流转的客体一般为“四荒”等土地的承包经营权。

（2）流转的方式不同

家庭承包的流转方式有转包、出租、互换、转让等方式。而其他方式的承包的流转方式有转让、出租、入股、抵押等方式。比如依照我国担保法第 34 条、第 37 条的规定，耕地、自留地、自留山等集体所有的土地使用权不得抵押，而依法承包的荒山、荒沟、荒丘、荒滩等荒地的土地使用权可以抵押。抵押是指为担保债务的履行，承包经营权人不转移承包地的占有，将其抵押给债权人，承包经营权人不履行到期债务或者发生当事人约定的实现抵押权的情形时，债权人有权就该财产优先受偿。通常表现为承包人将承包经营权抵押给银行等金融机构，以作为偿还贷款担保的行为。

（3）流转的前提不同

依照《土地承包法》第 22 条规定，家庭承包的承包方自承包合同生效时取得了土地承包经营权，即已具备流转的权利基础，承包经营权证书登记只是作为对承包经营权确认的程序；而其他方式取得的土地承包经营权，与发包方是债权关系，必须在依法登记，取得土地承包经营权证（或林权证）等证书的前提下才能流转。

（4）流转的条件不同

主要体现在：①家庭承包因具有社会保障和社会福利性质，土地承包经营权流转中的转包、出租和互换，双方当事人在签订合同后，要报发包方备案。采取转让的流转方式的，受让方应当有稳定的非农职业或者稳定的收入来源，并要经过发包方同意；而其他方式的承包中，受让方大部分为企业或其他组织，则无此类条件限制。②家庭承包中接受流转的一方有的须为本集体经济组织的成员，如互换；或者从事农业生产经营的农户，如转让。而在其他方式的承包中则对受让方没有特别限制。接受流转的一方可能是本集体经济组织以外的个人、农业公司或其他组织。

（5）承包经营权的流转

通过招标、拍卖、公开协商等方式承包农村土地，经依法登记取得土地承包经营权证或者林权证等证书的，其土地承包经营权可以依法采取转让、出租、入股、抵押或者其他方式流转。

此外，家庭承包方式的土地承包经营权流转在流转原则、流转期限、流转收益归属以及本集体成员的优先性等方面与其他方式承包的土地承包经营权流转是一致的。

4. 加强农村土地流转管理和服务的政策精神

农村土地流转关系直接影响着土地承包关系的稳定，影响着农村的和谐稳定发展。我国从1984年的1号文件开始，对土地流转的政策是坚持两手抓：一方面要稳定土地承包关系，另一方面要允许流转；一方面要合理配置土地资源，另一方面要保护耕地和维护农民权益。党的十七大提出建立健全土地流转市场以来，中央高度重视流转的市场机制建设，强调要通过健全土地流转市场，发展多种形式适度规模经营。党的十七届五中全会和十二五规划又进一步强调建立健全土地流转市场。近年来，各地也积极出台扶持政策推进农村土地流转市场的建立健全，主要有以下几种形式：①鼓励农户流出土地。如江苏省财政拿出专项资金5 000万元，对农户流出土地达到一定规模的，予以奖补。②鼓励业主规模经营。四川省成都市规定通过土地流转实现规模经营的，对规模经营的业主按不同经营规模分别给予相应的奖励。③流转价格补贴。浙江省、江苏省部分县市对土地流转价格实行补贴，鼓励流入方发展粮食生产。如江苏省张家港市对流入方每亩补贴300元，降低流入方的流转成本，鼓励发展粮食生产。④其他方式。如结合粮食直补、良种和农机补贴、土地整理措施，鼓励发展适度规模经营。

当前，我国农村土地承包经营权流转总体健康平稳发展。截至2011年，全国农村土地承包经营权流转总面积达2亿亩，占承包耕地总面积的16.3%，呈现快速发展态势。但随着我国土地承包经营权流转规模扩大、速度加快、流转对象和利益关系日趋多元，土地承包经营权流转过程中违背政策、违背农民意愿强行流转、侵害农民土地承包权益、改变土地用途出现“非农化”与“非粮化”倾向以及流转不规范引发纠纷等问题的不断涌现，迫切需要加强农村土地流转管理和服务。根据农业部《关于做好当前农村土地承包经营权流转管理和服务工作的通知》的精神，主要从以下5个方面加强农村土地流转管理和服务。

（1）把握总体要求和原则，正确指导农村土地承包经营权规范有序流转

农户承包地流转必须遵循依法、自愿、有偿的原则。这个原则是指导农户承包地流转的基本准则，是规范农村土地流转行为的重要依据，也是衡量土地流转是否合理的根本标准。农民的土地承包经营权是国家赋予农户的基本权利，承包期内任何组织或个人都不能非法剥夺。严禁收回农户承包地招标承包，严禁乡村集体经济组织或村委会用少数服从多数的办法强迫农户放弃承包权或改变承包合同。农户是农村土地承包和流转的主体，对承包土地依法享有自主的使用权、收益权。任何组织和个人不得强迫农户流转承包地，也不得阻挠农产依法流转承包地。农户承包地的流转同时也不得损害他人和集体的合法权益，流转期限不得超过承包的剩余期限。农户承包地流转的转包费、转让费、租金等，应当由流转承包地的农户与受让方或承租方协商确定，任何组织和个人不得截留、扣缴。坚持依法自愿有偿原则，严格执行农村土地承包法律政策，切实维护农民土地承包权益和流转主体地位，以实施流转合同制和备案制为重点，全面建立健全农村土地流转规范管理工作制度、工作机制和工作规程，确保流转规范有序；以建立流转服务组织和网络为平台，逐步完善和加强土地流转信息提供、法律政策咨询、流转价格评估、合同签订指导、利益关系协调等服务，优化流转外部环境，不断健全流转市场；以逐步依法建立纠纷仲裁体系为依托，不断健全流转纠纷调处机制，确保流转纠纷及时化解。

（2）依法落实农民土地承包经营权，维护农民土地承包权益和流转主体地位

落实和明晰土地承包经营权是进行土地承包经营权流转的基本条件，是健全土地承包经营权流转市场的基础性工作。党的十七届三中全会《决定》提出了"现有土地承包关系要保持稳定并长久不变"的要求，抓紧抓好延包后续完善工作，妥善解决一些地方存在的延包遗留问题，将土地承包经营权证书全面发放到户，认真清理、规范整理和永久管理好土地承包档案资料，逐步实现土地承包档案管理信息化，积极探索并建立健全土地承包经营权登记制度。

在指导农村土地承包经营权流转工作中，正确把握流转的主体是农民而不是干部，流转的机制是市场而不是政府，流转的前提是依法自愿有偿，流转的形式可以在法律允许范围内多种多样，流转的底线是不得改变土地集体所有性质、不得改变土地用途、不得损害农民土地承包权益。不得改变土地所有权性质，就是在流转中不能改变土地所有权属性和权属关系。不得改变土地用途，就是农地流转只能用于农业生产，不能用于非农开发和建设。不得损害农民土地承包经营权益，就是土地是否流转和以何种方式流转，完全由农民自己做主，并确保农民的

土地流转收益不受侵害。

（3）依法规范流转行为，切实解决好土地承包经营权流转中的突出问题

加强农村土地承包经营权流转管理，关键是要依法规范流转行为，确保流转平稳有序进行。流转形式要严格遵循法律和政策规定，采取法定的转包、出租、转让、互换、股份合作等方式进行，有条件的地方可以发展专业大户、家庭农场、农民专业合作社等规模经营主体。各地开展土地流转试点、试验，探索建立健全土地承包经营权流转市场应在法律政策允许的范围内进行，超越现行法律政策规定的试验要依法审批、严格管理。流转的农用地不得改变农业用途，属于基本农田的，流转后不得改变基本农田性质，不得从事种树、挖鱼塘、建造永久性固定设施等破坏耕作层的活动。正确引导和扶持规模经营主体发展粮食生产，促使流转土地向种粮方向发展。要完善农村土地突出问题专项治理工作机制，重点纠正和查处严重侵害农民土地承包权益和非法改变流转土地农业用途等问题。

（4）以实施流转合同制和备案制为重点，建立健全规范化的流转管理工作制度和规程

全面落实《农村土地承包经营权流转管理办法》（农业部第47号令）的各项规定，推行流转合同规范文本。根据农民的需要，及时指导合同签订。把指导合同签订同开展流转法律政策宣传、流转咨询、流转价格评估等多项服务结合起来，指导流转双方在充分自主协商的基础上，依法建立合理的流转关系和利益关系，签订规范的流转合同。积极开展流转合同鉴证。对流转当事人提出的流转合同鉴证申请，要及时予以办理。在开展鉴证工作中，发现流转双方有违反法律政策的约定，要及时提供咨询，帮助纠正。要重视对流转土地用途的审查，防止改变农业用途。健全登记备案制度。乡（镇）农村土地承包管理部门要对流转合同及有关资料进行归案并妥善保管，建立流转情况登记册，及时记载和反映流转情况。对以转包、出租或其他方式流转的，及时办理相关备案登记；对以转让、互换方式流转的，及时办理有关承包合同和土地承包经营权证变更手续。

（5）健全纠纷调处机制，及时有效解决流转纠纷

进一步健全依法维护农民土地承包效益的长效机制，加大查处力度。健全乡村调解、县市仲裁、司法保障的土地承包经营纠纷调解仲裁体系，健全协商、调解、信访、仲裁、司法等多渠道土地承包经营纠纷调处机制。

三、农村土地承包经营权纠纷调处

1. 农村土地承包经营纠纷产生的因素及类型

随着强农惠农富农政策的力度越来越大，农民负担大幅减轻，农民对土地价

值的关注程度日益提高。特别是城镇化步伐的加快，土地的预期价值不断攀升，农民维护土地承包经营权的意识不断增强，且在行政、司法机关和村级组织的难作为，农村土地承包仲裁机构的不健全，以及个别基层干部非法干涉、阻挠承包方依法行使承包经营权等等情况的影响下，农村土地承包经营纠纷呈多发态势，纠纷的类型多样化，纠纷引发的矛盾日趋激烈，成为农民上访反映最多的问题。

农村土地承包经营纠纷属于民事纠纷，既包括家庭承包产生的纠纷，也包括通过招标、拍卖、公开协商等方式承包农村土地产生的纠纷；既包括承包耕地产生的纠纷，也包括承包林地、草地以及“四荒地”、养殖水面产生的纠纷；既包括物权性质的承包产生的纠纷，也包括合同性质的承包产生的纠纷；既包括集体经济组织内部承包产生的纠纷，也包括集体经济组织及其成员与本集体经济组织以外的单位和个人建立承包关系后产生的纠纷。这些纠纷都可以通过农村土地承包经营纠纷调解和仲裁方式解决，主要有以下 7 种类型：

（1）合同纠纷

包括承包合同的订立、履行、变更、解除和终止承包合同产生的纠纷。

此类纠纷发生的主要情况有：一是农村土地承包合同内容违反法律法规的规定；二是合同的订立违反平等自愿、协商一致；三是发包方故意拖延不续订农村土地承包合同。虽然当前大部分地方都已经签订了承包合同，但也有个别地方存在发包方故意拖延不续订农村土地承包合同的现象，或对新开垦、承包退回依法收回的土地，发包给新增人口时没有及时签订承包合同，引发许多矛盾。

（2）流转纠纷

包括土地承包经营权的转包、出租、互换、转让和入股等方式进行流转而产生的纠纷。

土地承包经营权流转纠纷是目前农村土地承包经营纠纷不断增加的一类纠纷。特别是党的十七届三中全会《决定》提出允许以多种形式流转土地承包经营权，多种形式适度规模经营，土地流转日益频繁，此类纠纷也越来越多，主要有：一是违反“依法、自愿、有偿”的原则，强制农民进行土地流转。最常见的是一些地方在农业结构调整和产业化发展过程中，基层干部以各种手段强迫农民将承包地流转搞集中连片。二是本集体组织内部成员之间口头协议流转事宜，不签订正式书面流转合同。此种情形特别突出地表现在国家粮食补贴政策出台之后，土地的预期收入跳跃式上升，原承包土地的农民纷纷返乡，提出退还土地，返还承包期间粮食补贴等要求。但由于流转不规范，缺乏合同依据，导致纠纷产生。三是不履行流转合同而引发纠纷。发生较多的是在二次转包、出租价格上出现纠纷。

（3）变更纠纷

包括收回、调整承包地引发的纠纷。此类纠纷大多是由于农村集体经济组织不正确执行法律政策和滥用调整土地的权利，土地调整缺乏合理性和公正性导致纠纷发生。如江西省强行收回进入城镇落户农民的承包地；超标准预留机动地或在有机动地的情况下，不将其分配给新增人口，而是将其转包创收等违法违规行为引发的纠纷。

（4）确权纠纷

确认土地承包经营权发生的纠纷大多是由于在土地承包经营合同约定或土地承包经营权证记载的承包地不确定，或因过失导致应当取得而未取得承包经营权而产生。

（5）侵权纠纷

因侵害农村土地承包经营权发生的纠纷，主要情况有：一是非法剥夺、限制或强迫变更承包权产生纠纷。如违法搞“两田制”（即口粮田和出租田），只分给农户口粮田，出租田的收益由村集体支用；对入赘男和外来人口不依法予以土地承包经营权。二是发包方干涉承包方依法享有的经营自主权、流转决定权及其定价权等承包权利，直接充当承包方强行处置其承包地引发纠纷。如村级组织出面租赁农户的承包地再进行转租或发包。三是采取非法手段侵害承包人的独占权，妇女或外出人员的选择权而引发纠纷。如发包方以少数服从多数为借口，搞 3 年一小调 5 年一大调的违法调地行为；或将承包地收回抵顶欠款。此类纠纷中，最常见的就是侵害妇女土地承包权益而引发纠纷。在现实中，由于中国传统思想的影响，妇女因外嫁、离婚或丧偶而丧失土地权益的情况时有发生。四是侵害承包收益。如截留、抵扣、代缴土地流转收益、征地补偿收益等。

（6）法律、法规规定的其他侵权纠纷

如村干部利用职权变更、解除土地承包合同；违法发包农村土地；因承办人或负责人的变动而变更或解除承包合同；因集体经济组织分立或者合并而变更或解除承包合同；权利人要求继承承包土地收益等情况引发的纠纷。

2. 农村土地承包经营纠纷调解仲裁法律

一直以来，为了妥善解决农村土地承包经营纠纷，村民委员会、乡（镇）人民政府及其人民调解组织积极开展了农村土地承包经营纠纷的调解工作；2003 年开始实施的《农村土地承包法》明确规定，农村土地承包经营发生纠纷可以向农村土地承包仲裁机构申请仲裁，也可以直接向人民法院起诉，尔后，我国部分地方对农村土地承包经营纠纷仲裁进行了探索。近年来，共有 27 个地方性法规对农村土地承包经营纠纷仲裁作了规定；有10个地方性法规或者地方政府规章专门出台了农村土地承包经营纠纷仲裁办法。

自2004年至2008年年底，全国已有27个省份的229个县（市、区）开展了农村土地承包经营纠纷仲裁试点工作，取得了相当成效。2009年第十一届全国人大常务会第九次会议通过了《中华人民共和国农村土地承包经营纠纷调解仲裁法》（以下简称为《调解仲裁法》），自2010年1月施行。在现实中，《调解仲裁法》是一部程序法，充分发挥了调解和仲裁两个渠道的作用，完善的纠纷解决程序有利于纠纷的公正解决，显示出比信访、诉讼更具有的优越性，更有利于公正及时解决农村土地承包经营纠纷，促进农村经济发展和社会稳定。《调解仲裁法》的基本原则及主要内容如下：

（1）基本原则

①程序公开公平公正原则　指解决纠纷的过程中，给予当事人充分平等的参与机会，纠纷的解决过程、结果以及解决纠纷所依据的事实和理由，向当事人公开、向社会公开，并允许群众旁听。

②便民高效原则　主要体现在：一是便于当事人参与；二是便于其他参与人提供证言证据；三是便于当事人及早恢复因纠纷而破坏的社会关系；四是基于我国农民收入水平总体不高的实际，减轻农民负担的现实需要，调解仲裁不向当事人收取任何费用。

③依据事实符合法律原则　即在全面掌握证据，查清事实的基础上，准确运用法律，以事实为依据，以法律为准绳作出调解和仲裁。

④尊重社会公德原则　现实中，调解仲裁工作直接面对农村，法律不能穷尽一切，也应当由道德和社会习俗解决纠纷。调解仲裁不得损害社会公共利益，不得违反社会公共秩序。

（2）法律的适用范围

包括因订立、履行、变更、解除和终止农村土地承包合同发生的纠纷；因农村土地承包经营权转包、出租、互换、转让、入股等流转发生的纠纷；因收回、调整承包地发生的纠纷；因确认农村土地承包经营权发生的纠纷；因侵害农村土地承包经营权发生的纠纷；法律、法规规定的其他农村土地承包经营纠纷。

需要说明的是，因征收集体所有的土地及其补偿发生的纠纷，不属于农村土地承包仲裁委员会的受理范围，可以通过行政复议或者诉讼等方式解决。

（3）主要确立了六项制度

①公开开庭制度　公开开庭可以使各方对纠纷解决的过程施加积极的影响，并有利于接受群众监督。但涉及国家秘密、商业秘密和个人隐私以及当事人约定

不公开的可以不公开。开庭时间、地点确定后，应当提前 5 天通知当事人；当事人有正当理由的，可以向仲裁庭请求变更。

②先行裁定制度　对权利关系明确的纠纷，经当事人申请，在审理中出现紧急情况下，仲裁庭可以在裁决前作出先行裁定，责令当事人维持现状，停止取土，占地等违法行为，恢复农业生产。一方当事人不履行先行裁定的，另一方当事人可以向法院申请执行，但应当提供相应的担保。

③回避制度　回避制度是保证仲裁程序公正的重要制度安排，也是当事人监督仲裁员依法仲裁的重要权利。当事人提出回避申请应当说明理由，并在首次开庭前提出。如果是首次开庭后才知道回避事由的，可以在最后一次开庭终结前提出。

④缺席裁决制度　为保障仲裁的及时、顺利进行，对被申请人经书面通知，无正当理由不到庭，或未经仲裁庭许可中途退庭的，可以缺席裁决。

⑤裁决执行制度　已经发生法律效力的调解书、裁决书，当事人应当依法执行。一方不执行的，另一方可以依法申请人民法院执行。如果当事人对调解、裁决结果不服的，可以在收到裁决书后30 日内向人民法院起诉；逾期不起诉的，裁决书发生法律效力。

⑥仲裁员制度　一是明确了仲裁员的基本条件；二是基于目前，县乡两级农村土地承包管理干部及选聘的其他仲裁员的业务素质在一定程度上还难以满足当前解决农村土地承包经营纠纷的需要，特别规定了培训制度；三是要求加强对仲裁员的监督管理。对于此项工作，江西省依据《调解仲裁法》、《农村土地承包经营纠纷仲裁规则》等有关法律、行政法规的相关规定，出台了《江西省农村土地承包经营纠纷仲裁员管理办法》，对于仲裁员的权利、义务，仲裁员聘任、解聘、除名以及考核、监督等方面作出了具体的规定，并全面实施执证上岗制度。

（4）规定了必要程序

①先行调解　农村土地承包经营纠纷往往经历时间长久、历史遗留问题复杂、取证及执行困难，简单生硬的裁决往往取得不好的效果。我国自古就有民间调解的传统，调解结果容易让当事人接受。故规定仲裁前要先行和解、调解。

②实行一裁二审制　这是与商事仲裁最大的区别，即农村土地承包经营纠纷当事人可以选择仲裁或诉讼，或裁或审。同时，对裁决结果不服的，还可以向法院起诉，法院实行二审终结。

③一方申请即启动仲裁　农村土地承包经纠纷当事人只要一方申请，仲裁程序即可启动。

3. 处理农村土地承包经营纠纷的途径与程序

（1）处理农村土地承包经营纠纷的途径

我国解决农村土地承包经营纠纷适用下列途径：和解、调解、仲裁、诉讼。

①和解　是指当事人之间就农村土地承包经营纠纷，自行协商，达成解决方案，从而解决争议的活动。和解具有体现当事人合意、尊重当事人处分权、解决纠纷较为彻底、节约仲裁和司法资源、有利于社会和谐等优点。

处理农村土地承包经营纠纷最好首先经过充分的协商，以利于自愿达成协议，解决争议，消除双方隔阂，加强团结。当事人双方自行协商不是处理劳动争议的必经程序。双方当事人可以自愿进行协商，并提倡协商解决争议，但任何一方或他人都不能强迫进行协商。因此，不愿协商或者协商不成的，可以向村民委员会、乡（镇）人民政府的调解组织申请调解。

②调解　是指在村民委员会、乡（镇）人民政府等第三方的主持下，在双方当事人自愿的基础上，通过宣传法律、法规、规章和政策，劝导当事人化解矛盾，自愿就争议事项达成协议，使农村土地承包经营纠纷及时得到解决的一种活动。

村民委员会、乡（镇）人民政府的调解组织调解解决农村土地承包经营纠纷是一种非常有效并且有利于改善争议双方当事人关系的方式，因此，在农村土地承包经营纠纷处理过程中，调解组织的调解占有很重要的地位。但调解并非解决农村土地承包经营纠纷的必经途径，农村土地承包经营纠纷发生后，当事人不愿协商或者协商不成的，可以向调解组织申请调解，也可以不向调解组织申请调解，而直接申请仲裁。调解组织进行的调解为群众性调解，不具有法律效力，完全依靠农村土地承包经营纠纷当事人的自觉、自愿达成协议，并且，双方达成的协议也要靠当事人的自我约束来履行，不能强制。若当事人反悔，并不妨碍其向仲裁机关申请仲裁。

③仲裁　农村土地承包经营纠纷的仲裁是解决农村土地承包经营纠纷的重要手段，它既具有农村土地承包经营纠纷调解的灵活、快捷的特点，又具有可强制执行的特点。农村土地承包经营纠纷仲裁是指经农村土地承包经营纠纷当事人申请，由农村土地承包仲裁委员会对农村土地承包经营纠纷当事人因农村土地承包经营纠纷权利、义务等问题产生的争议进行的评价、调解和裁决，其生效裁决具有国家强制力的一种处理农村土地承包经营纠纷的方式。农村土地承包经营纠纷仲裁在基本制度上采取的是非协议仲裁、可裁可审、裁后可审的制度。

④诉讼　人民法院的审判是农村土地承包经营纠纷解决的最终途径。农村土

地承包经营纠纷案件在没有得到解决以前，当事人不服仲裁委员会仲裁的，有权向人民法院起诉，人民法院应当受理、审理并作出判决。法院的审理包括一审、二审及再审程序，最终的生效判决标志着这一农村土地承包经营纠纷案件的最终解决。另一方面，无论是生效的农村土地承包经营纠纷案件的调解书，还是仲裁裁决，或是人民法院的终审判决，都存在一个实际执行的问题，若一方当事人应当履行而拒不履行，则另一方当事人有权申请人民法院强制执行。法院的强制执行是农村土地承包经营纠纷案件能够真正切实得以解决的保障。

（2）农村土地承包经营纠纷调解的程序

①当事人申请调解　当事人申请农村土地承包经营纠纷调解可以书面申请，也可以口头申请。口头申请的，由村民委员会或者乡（镇）人民政府当场记录申请人的基本情况、申请调解的纠纷事项、理由和时间。

②调解组织受理　对于符合以下条件的，调解组织应当及时受理。

第一，有明确的被申请调解人。纠纷当事人在向人民调解委员会提出申请时，应当说明与其发生纠纷的对方当事人，即被申请调解人的情况，包括姓名、年龄、性别、住址等。如果被申请调解人是法人或者其他社会组织，则应当说明其单位地址、法定代表人姓名等基本情况。

第二，有具体的调解要求。申请调解的当事人要说明请求调解所要解决的问题和要达到的目的，如要求被申请人给付或返还财物，请求确认继承权，要求对方履行法定或约定义务等等。

第三，有提出调解申请的事实依据。申请人应当提出申请调解所根据的事实，即纠纷的事实，包括纠纷发生时的事实情况及相应的证据。

第四，申请调解的纠纷必须属于农村土地承包经营纠纷，并应当由该调解组织受理。否则，调解组织不能受理。

③农村土地承包经营纠纷调解的主要步骤

第一，告知权利义务。调解组织调解纠纷，在调解前应当以口头或书面形式告知当事人调解的性质、原则和效力，以及当事人在调解活动中享有的权利和承担的义务。

第二，双方当事人陈述。在调解开始后，调解主持人要积极、耐心地引导当事人进一步讲清纠纷的事实真相，并在当事人陈述的过程中进一步查明事实，分清双方的责任。对于个别当事人在陈述过程中故意歪曲事实、无理纠缠的，调解人员应当及时予以制止和纠正。

第三，进行调解。在听取当事人陈述后，调解人员要结合所掌握的证据材料，帮助当事人分清是非，明确责任。在此基础上，调解人员应当根据纠纷当事人的特点和纠纷的性质、难易程度、发展变化的情况，采取灵活多样的方式方法，向当事人宣传有关的法律、法规、政策，对他们进行法制教育和社会主义道德教育，同时开展耐心细致的说服疏导工作，帮助他们统一认识，提高觉悟，端正对待纠纷的态度，消除对立情绪。

第四，达成调解协议。调解组织在做通当事人思想工作后，要积极促使双方当事人互谅互让，引导、帮助当事人达成解决纠纷的调解协议。达成调解协议的具体方式，可以由调解主持人提出调解意见，当事人各方认可；也可以由当事人自行约定。

同时，调解组织在调解纠纷的过程中，要密切注意当事人情绪和周围情况的变化，及早发现纠纷激化的苗头，防止纠纷激化。对于已有激化征兆或易向恶性案件转化的纠纷，及时采取必要的防范措施，以免当事人情绪失控，酿成恶性事件。

（3）农村土地承包经营纠纷仲裁审理程序

①通知当事人　根据《农村土地承包经营纠纷调解仲裁法》的规定，仲裁庭应当在开庭 5 个工作日前，将开庭日期、地点书面通知双方当事人。当事人有正当理由的，可以在开庭 3 日前请求延期开庭。是否延期，由农村土地承包仲裁委员会决定。申请人收到书面通知，无正当理由拒不到庭或者未经仲裁庭同意中途退庭的，可以视为撤回仲裁申请。被申请人收到书面通知，无正当理由拒不到庭或者未经仲裁庭同意中途退庭的，可以缺席裁决。

②先行调解　仲裁庭在作出裁决前，应当先行调解。调解达成协议的，仲裁庭应当制作调解书。调解书应当写明仲裁请求和当事人协议的结果。调解书由仲裁员签名，加盖农村土地承包仲裁委员会印章，送达双方当事人。调解书经双方当事人签收后，发生法律效力。调解不成或者调解书送达前，一方当事人反悔的，仲裁庭应当及时作出裁决。

③开庭裁决　仲裁庭开庭裁决，可以根据案情适用以下程序：

第一，由书记员查明双方当事人、代理人及有关人员是否到庭，宣布仲裁庭纪律。

第二，首席仲裁员宣布开庭，宣布仲裁员、书记员名单，告知当事人的申诉、申辩权利和义务，询问当事人是否申请回避并宣布案由。

第三，听取申诉人的申诉及被诉人的答辩；仲裁员以询问方式，对需要进一步了解的问题进行当庭调查，并征询双方当事人的最后意见。当事人在仲裁过程中有权进行质证和辩论。质证和辩论终结时，首席仲裁员或者独任仲裁员应当征询当事人的最后意见。当事人提供的证据经查证属实的，仲裁庭应当将其作为认定事实的根据。

第四，根据当事人的意见，当庭再行调解；不宜进行调解或调解达不成协议时，应及时休庭合议并作出裁决。

第五，仲裁庭复庭，宣布仲裁裁决。对仲裁庭难作结论或需提交仲裁委员会决定的疑难案件，仲裁庭可以宣布延期裁决。

仲裁庭裁决农村土地承包经营纠纷案件，应当自农村土地承包经营纠纷受理仲裁申请之日起60日内结束。案情复杂需要延期的，经农村土地承包仲裁委员会主任批准，可以延期并书面通知当事人，但是延长期限不得超过30日。逾期未作出仲裁裁决的，当事人可以就该农村土地承包经营纠纷事项向人民法院提起诉讼。在证据可能灭失或者以后难以取得的情况下，当事人可以申请证据保全。当事人申请证据保全的，农村土地承包仲裁委员会应当将当事人的申请提交证据所在地的基层人民法院。裁决应当按照多数仲裁员的意见作出，少数仲裁员的不同意见应当记入笔录。仲裁庭不能形成多数意见时，裁决应当按照首席仲裁员的意见作出。

④仲裁和解　又称当事人和解，是指在申请仲裁后，裁决作出前，双方当事人通过平等协商，达成和解协议，解决纠纷，终结仲裁程序的活动。

和解制度充分体现了当事人对自己权利的处分，当事人的这种处分权，不仅包括程序上的处分权，也包括实体权利的处分。当事人提出仲裁申请后，可以放弃、变更自己的仲裁请求或承认对方的仲裁请求，通过放弃与承认，使得当事人双方在新的和解协议的基础上，对交付仲裁的纠纷产生共识，使纠纷得到解决，这是当事人对实体权利的处分；当事人自行和解后，不再需要仲裁庭继续对他们之间的纠纷进行审理和作出裁决，可能会导致申请人撤回仲裁申请，这是程序上的处分权。

当事人行使上述处分权，并非必须在仲裁庭上和在仲裁员参加主持下作出和解协议，当事人之间可以自行协商，以达到解决纠纷的目的，这也正是和解之所以称为自行和解的原因，也是和解区别于调解的重要特征。

4. 农村土地承包经营纠纷调解仲裁体系

《农村土地承包经营纠纷调解仲裁法》规定，建立健全乡村调解、县市仲裁为主的农村土地承包经营纠纷调解仲裁体系。仲裁体系的主要组成部分是调解仲裁机构。具体内容如下：

（1）农村土地承包仲裁委员会

农村土地承包仲裁委员会，是指依法成立、有权受理农村土地承包经营纠纷、进行法院外裁决的机构。《农村土地承包经营纠纷调解仲裁法》第12条第2款规定："农村土地承包仲裁委员会在当地人民政府指导下设立。设立农村土地承包仲裁委员会的，其日常工作由当地农村土地承包管理部门承担。"这里明确规定仲裁委员会不是由个人或企业设立，而是由人民政府组建。这一规定主要是从我国当前的实际情况出发制定的。《农村土地承包经营纠纷调解仲裁法》实施之前，农村土地承包仲裁委员会主要由各地人民政府之下的农业管理部门办理。根据现有仲裁机构的设立情况，并考虑到依《农村土地承包经营纠纷调解仲裁法》设立的仲裁委员会尚需要在经济等方面得到政府部门的支持，所以法律规定农村土地承包仲裁委员会在当地人民政府指导下设立。

《农村土地承包经营纠纷调解仲裁法》第12条第1款规定："农村土地承包仲裁委员会，根据解决农村土地承包经营纠纷的实际需要设立。农村土地承包仲裁委员会可以在县和不设区的市设立，也可以在设区的市或者其市辖区设立。"根据该条规定，仲裁委员会可以设置在如下地方：

①在县和不设区的市设立　也就是说，县和不设区的市可以设立仲裁委员会，这是一般原则性规定。因为这类地方农村土地承包经营纠纷较多，组织仲裁机构有需要也有可能当事人多集中在这些地方。

农业承包合同是在农村集体经济组织与集体经济组织的成员之间签订的，虽然签订合同时，双方处于完全的平等地位，但农业承包合同的主体之间又具有一定的行政隶属关系。鉴于农业承包合同所具有的上述特征，农业承包合同纠纷的仲裁机构一般是设在县（市）一级的农业承包合同仲裁委员会。在《农村土地承包经营纠纷调解仲裁法》出台以前，各地的土地承包法规亦是规定在县（市）一级设置农村土地承包仲裁委员会。

②在设区的市或者其市辖区设立　因为除县和设区的市之外，还有一些比较发达的、较大的市在这些市内还有管辖区，如有需要也可以设立农村土地承包仲裁委员会。

这样规定主要是考虑到我国幅员广阔，经济发展不平衡，设区的市经济比较发达，经济纠纷相对较多，纠纷当事人相对集中，如果县和不设区的市设立一个仲裁委员会，将不利于解决这些设区的市的农村土地承包经营纠纷。因而，设区的市或市辖区亦可以设立农村土地承包仲裁委员会，但是，并非设区的市就一定设立仲裁机构，而是可以根据解决农村土地承包经营纠纷的实际需要。所谓需要，主要是指经济比较发达，农村土地承包经营纠纷当事人比较集中，一般可以避免仲裁机构过多过滥的现象，同时也便于发达地区农村土地承包经营纠纷当事人及时解决纠纷。

农村土地承包仲裁委员会不按行政区划层层设立。各级仲裁委员会相互间不存在行政隶属关系，各自独立仲裁本行政区域内发生的农村土地承包经营纠纷案件，各自向同级政府负责并报告工作。

《农村土地承包经营纠纷调解仲裁法》第12条第2款规定，设立农村土地承包仲裁委员会的，其日常工作由当地农村土地承包管理部门承担。

农村土地承包仲裁委员会的办事机构应设在当地农村土地承包管理部门，以确保其在农村土地承包经营纠纷案件大量增加的情况下做好仲裁委员会交办的各项工作。农村土地承包仲裁委员会的当地农村管理部门由农村土地承包调解、仲裁业务管理机构（通常称农村土地承包办公室）作为其办事机构，负责办理其日常事务，也就是说，农村土地承包办公室具有双重身份和双重职能，它既是农村土地承包仲裁委员会的办事机构，又是土地承包管理部门的职能机构。

③仲裁委员会主要职责　仲裁委员会办事机构在农村土地承包仲裁委员会领导下，负责农村土地承包经营纠纷处理的日常工作，主要职责是：承办处理农村土地承包经营纠纷案件的日常工作；根据仲裁委员会的授权，负责管理仲裁员，组织仲裁庭；管理仲裁委员会的文书、档案、印鉴；负责农村土地承包经营纠纷及其处理方面的法律、法规及政策咨询；向仲裁委员会汇报、请示工作；办理仲裁委员会授权或交办的其他事项。

作为土地承包管理部门的职能机构，仲裁委员会办事机构主要是组织农村土地承包经营纠纷处理的理论研究、政策法规研究；制定和完善农村土地承包经营纠纷处理的有关制度；监督检查发包方执行土地承包法规和政策的情况，制止、纠正违反《农村土地承包法》的行为；做好土地承包法规和政策的宣传教育工作等。

（2）农村土地承包仲裁委员会的组成人员

农村土地承包仲裁委员会由当地人民政府及其有关部门代表、有关人民团体代表、农村集体经济组织代表、农民代表和法律、经济等相关专业人员兼任组成，其中农民代表和法律、经济等相关专业人员不得少于组成人员的1/2。农村土地承包仲裁委员会设主任1人、副主任1~2人和委员若干人。主任、副主任由全体组成人员选举产生。

（3）农村土地承包仲裁委员会仲裁员

《农村土地承包经营纠纷调解仲裁法》第15条第1款规定，农村土地承包仲裁委员会应当从公道正派的人员中聘任仲裁员。这是《农村土地承包经营纠纷调解仲裁法》对仲裁员道德素质的要求。仲裁员是仲裁公证的象征，也是具体案件的裁决者，仲裁员只有做到作风公道、正派、严谨、不偏不倚，才能保证仲裁裁决的质量。仲裁员应当以事实为依据，依照法律，参考国际惯例，遵循公平合理原则，独立、公正、认真、审慎、勤勉地审理案件。

对仲裁员作出业务方面的严格要求，是从仲裁的特点考虑的。仲裁具有专业性，它常常会涉及复杂的法律和政策问题。不熟悉相关知识的人士是无法胜任此项工作的；而且仲裁具有快捷性，任何枉法裁判，误判、错判都应尽量避免，因此，我国对仲裁员的业务条件作了严格规定。根据我国《农村土地承包经营纠纷调解仲裁法》第15条规定，仲裁员应符合下列条件之一：

第一，从事农村土地承包管理工作满5年的。包括在《农村土地承包经营纠纷调解仲裁法》施行前设立的仲裁委员会工作满5年的；或者在施行前设立的仲裁委员会工作，又在施行后新组建的仲裁委员会中工作共5年的。

第二，从事法律工作或人民调解工作满5年的。

①曾经担任律师工作5年以上的人员，可以被聘任为仲裁员。但其担任仲裁员时和其他仲裁员一样，在具体案件中不是当事人的代理人，而是独立公正的案件裁决者。律师担任仲裁员，可以弥补仲裁庭其他人员法律专业知识的不足，其职业特点又能保证其有担任仲裁员的时间和精力。

②曾任审判员满5年的人民法院的审判人员，长期接触各种土地承包经营权纠纷，具有十分丰富的处理纠纷的经验，由其担任仲裁员对解决纠纷是有效的。但是，需要强调的是，人民法院具有监督仲裁工作的职能，因此人民法院的现职审判员不能担任仲裁员，现职审判员要想被聘任为仲裁员，只有辞去现职，才有可能。

③从事法律研究、教学工作满5年的法律研究工作包括立法、教学研究等工作。从事法律研究、教学工作满5年的人员，具有仲裁员资格。

④从事人民调解工作满5年的人民调解员长期从事调解工作，具有丰富的处理纠纷的经验，同时又在长期工作中积累了丰富的土地承包法律知识，因而也可以被聘为仲裁员。

第三，在当地威信较高，并熟悉农村土地承包法律以及政策的居民。

（4）乡村调解机构

调解是目前解决我国农村土地承包经营纠纷最重要的途径，80%以上的纠纷都是在基层通过调解的方式解决的。我国自古就有民间调解的传统，一般民众只要分清是非曲直、讨个公道即可，调解容易接受。村民委员会作为农民的自治组织的重要地位，在农村土地承包经营纠纷解决机制中的法律地位，与县市仲裁共同构成了农村土地承包经营纠纷调解仲裁体系。

此外，各级人民政府负有依法落实好、维护好和发展好农民集体土地权益和农民土地承包权益的重要职责。开展农村土地承包经营纠纷调解和仲裁，是妥善解决农村土地承包经营纠纷，维护当事人合法权益，促进农村社会和谐稳定的有效形式。县级以上人民政府应当切实加强指导，支持调解组织和仲裁机构依法开展工作，主要有6个方面的内容：

①指导各地根据解决农村土地承包经营纠纷的需要，依法设立农村土地承包仲裁委员会，并组织选派当地人民政府及其有关部门的代表参加仲裁委员会。县区市设立农村土地承包仲裁委员会，不能按行业部门分别设立，应当根据解决农村土地承包经营纠纷的实际需要综合设立，统筹负责处理农、林、牧、渔各业农村土地承包经营纠纷。

②加强农村土地承包规范管理，建立健全农村土地承包管理制度，加强监督检查，努力消除纠纷隐患，减轻农村土地承包仲裁委员会解决纠纷的压力。

③重视和加强农村土地承包经营纠纷调解和仲裁组织建设、干部队伍建设、办公条件建设，保证有关调解组织和农村土地承包仲裁委员会依法开展工作的合理需要。仲裁工作经费由本级人民政府财政预算保障。

④在坚持农村土地承包仲裁委员会依法独立仲裁农村土地承包经营纠纷的同时，对具有群体性、影响大、涉及面广的农村土地承包经营纠纷，县级以上人民政府要提前介入，综合运用信访、政府调解等手段，宣传法律政策，帮助化解当事人之间的矛盾；重大案件要制定预案，防止出现群体性甚至恶性事件，切实掌控大局，维护社会和谐稳定。

⑤根据农村土地承包经营纠纷调解仲裁的需要，协调司法机关保证农业生产的正常进行，促进依法生效的调解书和裁决书得到切实履行。

⑥指导乡镇人民政府和村（居）民委员会依法开展调解工作，把纠纷解决在当地，把矛盾化解在基层。

第二章　农民负担监督管理

第一节　农民负担概述

一、农民负担的界定

1. 农民负担的含义

（1）农民负担的历史概念

农民负担经历了一个漫长的历史过程，在中国5000多年的历史中一直存在。早在奴隶社会就已产生，那时就有了田赋制度。在封建社会，统治阶层和地主阶级凭借强势地位，对农民实行田赋和地租形式的掠夺。那时，田赋和人头税是社会的主体税收。田赋包括地税和丁税两部分。封建国家取名之法主要有二，一是强制劳动，为役；二是掠夺劳动果实，为赋。地租方面，随着生产力的发展，先后出现过劳役地租、实物地租和货币地租。而在社会主义国家，农民是国家、集体的主人，向国家集体承担法律法规规定之内的税费和劳务，是自己应尽的义务。毛泽东同志生前在《为争取国家财政经济状况的基本好转而斗争》一文中说："调整税收，酌情减轻农民负担"，表明新中国建立之初农民负担问题就存在。

（2）农民负担的经济含义

亚当·斯密在其巨著《国富论》中指出："一国国民每年的劳动，本来就是该国国民在一年中所消费的一切生活必需品和便利品的源泉"。农民一年劳动的成果（货物和服务的增加值）如果全部由其自身享有，其他社会集团没有占用农民的劳动成果，那么就没有什么负担；如果劳动产出的一部分无偿向社会提供，这部分的劳动产出就是农民的负担。因此，农民负担可以理解为农民无偿向社会提供的劳动产出；在财政学范围内，农民负担可以理解为农民无偿向国家（政府）提供的劳动产出。进一步，如果政府或其他社会集团占有农民劳动成果时依据的是政府的行政权力，那么这一部分的负担就属于农民的财政负担。劳动价值学说认为，政府等公共部门（广义政府部门包含政府部门、司法部门、立法部门等）的劳动是非生产性劳动，为维持政府部门的正常运转，必须消耗一定的劳动成果，所消耗的这一部分劳动成果就是价值创造者的负担。

（3）农民负担的现实含义

当前所说的农民负担，是指除了农民所缴纳的税金以外的负担、费用。《农民承担费用和劳务管理条例》第二条的表述是："本条例所称农民承担费用和劳务，是指农民除缴纳税金，完成国家农产品订购任务外，依照法律法规所承担的村（包括村民小组）提留、乡（包括）统筹费、劳务（农村义务工和劳动积累工）以及其他费用"。目前，村（包括村民小组）提留、乡（包括）统筹费、劳务（农村义务工和劳动积累工）和农业税都已经取消了。所以，现在的农民负担，是指增加了农民的现金、劳务、财产支出或是减少了农民收入的种种行为或现象。

2. 农民负担的类型

从不同角度进行划分，农民负担分为以下几种类型：

一是合理和不合理负担。按农民负担的合理性，可分为合理负担和不合理负担。凡符合国家法律、法规、政策规定的负担，均为合理负担。凡违反国家法律、法规、政策规定的负担，均为农民的不合理负担。《农民承担费用和劳务管理条例》规定："（非法）要求农民无偿提供的任何财力、物力和劳务，均为非法行为，农民有权拒绝"。

二是显性和隐性负担。按农民负担的表现形式，可分为显性负担和隐性负担。显性负担是农民向国家、集体、社会有关方面直接提供财、物或劳动。隐性负担主要是指通过不合理的价格因素，暗中向农民转嫁的负担。主要包括：①农副产品订购议购中的平、议差价；②工农产品价格剪刀差；③有关部门、有关单位或人员，凭借某种权力（如专营权），自行抬高生产资料，如化肥、农药、种子、水电费等的价格，导致农民负担增加；④截留、抵扣、挪用农民应得的补贴、补助、补偿款，如部分或全部克扣农民的种粮补贴。

3. 农民负担的范围

《农业法》规定："农民依法缴纳税款，依法缴纳村提留和乡统筹，依法承担农村义务工和劳动积累工"。《农民承担费用和劳务管理条例》规定："农民承担的费用和劳务，是指农民除缴纳税金，完成国家农产品订购任务外，依照法律、法规所承担的村（包括村民小组）提留、乡（包括镇）统筹费、劳务（农村义务工和劳动积累工）以及其他费用"。农业法和国务院的条例是我国有关农民负担的官方解释。但实际上这两个条文只是规定了农民负担的一部分，且随着形势的变化，其内涵和外延发生了很大的变化，相当一部分内容已不存在了。在此，有必要从历史和现实两个角度，厘清农民负担的内涵和范围。

一是税收负担。税负负担包括间接税负担和直接税负担。间接税负担主要指国家对产品和服务征收流转税时在价格上的加价所产生的农民负担。国内流转税包括增值税、营业税、消费税及附征税种和进口关税等，既有农民作为生产者而负担的税收，也有农民作为消费者而负担的税收。直接税负担主要指“农业四税”和乡村企业缴纳或代缴的直接税，即农业税和农业特产税、耕地占用税、契税，以及乡村企业所得税和个人所得税。现在，农业税和农业特产税都已经不存在了，农民需承担的直接税基本没有。

二是准税收负担。农民的准税收负担是指具有税收性质但不以税收名义收取的收入。主要是各级政府部门“依据政府行政权力”、以强制手段从农民那里无偿取得的各类非税收入，包括：乡统筹、村提留、农村义务工以及随着各种国内流转税附征的地方收费项目。目前，农民承担的此类负担也已经非常少了。

三是工农业产品价格剪刀差。当一般物价上涨时，虽然农产品价格也同时上涨，但它上涨的幅度往往低于工业品价格上涨的幅度。而当一般物价下跌时，虽然工业品的价格也同时下跌，但它下跌的幅度往往低于农产品价格下跌的幅度。如果把一定时期（比如一年）内工农业产品价格变动的情况用统计图表表示出来，那么，工业品价格呈上升趋势，而农产品价格呈下降趋势，二者犹如张开的剪刀的形状一样，因此称为工农业产品价格的“剪刀差”。它表明工农业产品价值的不等价交换，使得农民吃了亏，等于增加了负担。

四是乡村企业上缴利润、管理费。乡村企业上缴的利润和管理费也是农民负担的一部分。虽然乡政府或村组织取得的利润和管理费依据的是财产权力，但从分配格局的角度看，是农民劳动成果的一部分，这部分视为农民负担是理所当然的。

五是各种乱收费、乱集资、乱罚款和摊派。一些部门和个人，为了自身利益，巧立名目，擅自设立收费项目，提高收费标准，扩大收费范围，向农民伸手，要农民交钱交物，加重农民负担。在计划生育、义务教育、农民建房、农村殡葬、农机服务等领域向农民多收乱罚的问题时有发生。计划生育领域中的社会抚养费征收不规范，违规收取违约金，巧立名目收取赞助费和押金等。据农业部统计资料，2010 年计划生育收费比 2006 年增长 117%；农村义务教育阶段学校违规向学生收取补课费、试卷费、取暖费等，一些地方的教辅资料费甚至超过过去的书本费；有的地方政府、村级组织向建房农民违规收取建安费、土地开垦费、绿化保证金等。

六是农民应得利益不能及时足额到位。强农惠农富农政策项目特别是对种粮农民、退耕还林农户等方面的补贴补助补偿涉及面广，关系农民切身利益。一些地方的补贴补助补偿款项落实不到位、不及时，有的地方在农民领取惠农补贴款时，抵扣修路集资、新农合、农业税尾欠等费用。

七是村级组织、农民专业合作社的负担。村民委员会是村民的自治组织，其经济状况的好坏直接影响村民的福利和负担水平。一些地方以考核、统筹协调为由克扣村级转移支付资金，以建设公益事业、提供服务、参加培训、要求赞助、报刊订阅等名义向村级组织摊派收费，增加村级组织负担。农民专业合作社是以农民为主体的法人组织，它的利益就是农民的利益，它的负担就是农民的负担。农民专业合作社在证照办理、税费缴纳、项目扶持过程中，乱收费、乱罚款和摊派情况屡屡发生。

4. 农民负担的监管范围

目前，农民负担的监管范围主要包含以下几类：一是村集体公益事业建设筹资筹劳；二是涉农行政事业性收费、经营服务性收费；三是对农民、农民专业合作社、村级集体经济组织的各种集资；四是农民承担的其他费用和劳务；五是对农民、村级集体经济组织的补贴补偿和对村级财政性补助资金的发放、使用。

二、20 世纪 90 年代以来农民负担的演变

1. 多发高发阶段

20 世纪 90 年代农村都被农民负担过重问题困扰着，干群关系紧张，社会矛盾也多。1999 年，中国农民可统计的负担（很多摊派、罚款和集资无法统计）13 项，总额 1 250亿。这 13 项中有 4 项是国家税收，即农业税、农业特产税、生猪屠宰税和牧业税，总额大概 400 亿，不到总数的 1/3，还有“三提五统”8 项 750 亿，是整个农民负担中的“大头”。

另外还有一项，叫做两工折款，两工就是农民要出工。有一个工叫做义务工，是战争年代历史遗留下来的。当时为支援军队前线打仗，后方组织农民抬担架、送伤员，这是解放区农民必须承担的任务，新中国成立后却一直保留下来了。还有一项叫积累工，合作化运动之后开始搞水利、道路维修，那时候没有钱，都是以出工为主。实行家庭承包之后，一个整劳力一年需要承担25 个左右的工日。后来，随着改革的深化，城乡分割体制慢慢地有了松动，特别是随着工业化、城镇化发展步伐的加快，农民就业的选择权和进城务工的机会更多了，很多人特别是年轻人到外地务工成为普遍现象，不少人无法出工，于是慢慢变成了

“以钱代工”，两工折款约 100 亿元。加上前面说的国家税收 400 亿元，三提五统 750 亿元，合在一起约为 1 250亿元。

除此之外，农民收入估计过高，行政事业性收费过多，兴办公益事业过急，农资价格增长过快，各种集资摊派罚款过滥，乡村干部吃喝过度，干部作风简单粗暴，农民朋友怨声载道。于是，基层干部与农民的融洽度大为降低，干群关系紧张，拒绝、抵制税费的事情此起彼伏，有的地方甚至发生冲击、打砸乡镇政府等恶性事件。

这些问题引起了中央的高度重视，那一段时期，中共中央办公厅和国务院办公厅不仅每年都会就减轻农民负担问题下发文件，对工作进行专门部署，对政策进行强调，对纪律进行申明。另外还要发两份特别的通告，上半年一份、下半年一份，标题就叫“因加重农民负担发生的恶性事件”，实际指的就是由于农民负担过重，在征收过程中采取简单粗暴行为，造成一些农民死亡。虽然采取了很多措施，想了很多办法，出台了很多高压政策，但事态仍没有完全按照预期的方向发展，这促使中央下更大的决心进行更为系统、更为深入、更为全面和更为彻底的改革。

2. 深化改革时期

到 20 世纪 90 年代末，中央下决心从根本上解决农民负担问题，采取釜底抽薪的办法，实行农村税费改革。

从 2000 年开始，中央决定在安徽开展农村税费改革试点，当时提了 6 个字：“减轻、规范、稳定”。“减轻”就是从轻确定农民的负担水平，从根本上治理对农民的乱收费，切实减轻农民负担，通过改革，使农民整体减负率达到 20% 以上。“规范”就是从制度上规范国家、集体和农民之间的分配关系、分配方式。过去，农民负担减不下来，或减下来又反弹，一个重要的原因就是税费制度不规范，部门和地方都可以随意向农民伸手。通过改革，农民照章纳税，政府依法收税，双方的权利和义务都有了明确的界定，再也不能搞没有法律依据的乱收费。农民依法交纳一定的农业税及其附加、农业特产税及其附加和承担用于集体生产和公益事业的“一事一议”筹资筹劳。征收办法简便易行，交多少，如何交，干部和群众心里都有一本明白账。这种制度化、规范化的办法透明度高，有利于干群之间、部门之间相互监督。“稳定”就是在减轻和规范的基础上使农民的负担水平在一个较长时期内保持不变。

按照中央的要求，当初把农业税的税率从不到 4% 提高到 7%，提高税率之后，把“三提五统”全部取消。教育、计划生育、民兵训练、架桥修路、优抚对象的补助改由财政开支。村不是一级政府，所以不能收费，因此把村里的三提留改为农业税正税的附加，当时是1.4个百分点，农民交8.4%的农业税之后其他什么都不管了，不能再以任何名义从农民那收钱收物，整个农民负担从原来1 250亿元减少到650亿元，差不多减了一半，第一个目标实现了，第二个目标也随之实现，这个制度也就开始稳定下来，这是税费改革的第一步。

进入21世纪之后我国经济增长比较快，国家财力增长比较多，于是提出推进税收改革第二步，目标就是逐渐降低农业税税率，直至取消。中央2004年一号文件提出农村农业税降低两个百分点，黑龙江、吉林实行全面取消农业税的试点。很多地方逐渐意识到中央做这个决定的重大意义，所以纷纷提出停止征收农业税，2004年有9个省市宣布停止征收农业税。2005年中央又提出将农业税税率再降低3个百分点，农民税负降为2.4个百分点，这一年有27个省市自治区提出停止征收农业税。至此，中央认为条件已经成熟，于是国务院在2005年年底向全国人大常务会报告废止农业税，经人大常务会讨论决定，从2006年元月1日开始废止农业税。

农民种地不交税，这在中国历史上是第一次。中国农业历史非常悠久，农业税的历史也同样悠久。最早按田亩征税的制度始于公元前594年，从公元前594年到公元2006年，这个税制在中国实行了2 600多年。2006年取消农业税，农民在经济上减轻了1 250亿的负担。

取消农业税在政治上的意义更大。在很多农民的潜意识里，交皇粮国税是天经地义的，共产党领导的政府却取消了，许多农民对党和政府的感激和信任简直不能用言语来表达。河北和河南的农民，自己出钱买青铜请人写铭文铸成大钟放门口，以铭记党和政府的恩情，干部关系迅速得到改善，可见农村税费改革的意义确实非同一般。

与此同时，中央还着手建立对种粮农民直接补贴的制度。2004年中共中央一号文件提出对种粮农民进行直接补贴，对农民购买良种进行补贴，对农民购买大型农机具进行补贴。那几年由于能源价格上涨，导致农业生产资料价格大幅度上涨，国家对农民又实行农业生产资料综合价格补贴，这四项补贴从2004年开始执行，到2008年合计是1 028亿元。此后几年，又逐年提高了对农民的直接补贴幅度，使农民的负担得到大幅减轻，农民得到的实惠大幅增多。

3. 平稳势态时期

随着农村税费改革和农村综合改革的深入推进，中央和各级财政对农业、农村和农民的投入持续加大，农民实现了合同内的零负担，农民的法定负担没有了。由此，农民负担转入平稳势态。但这并不意味着农民已经完全没有了负担，只是形式和内容发生了新的变化。

一是主体由单一向多元转变。加重农民负担的主体原来主要是乡村两级组织，现在不少是县级以上有关党政部门、行业协会和各类理事会等。二是客体由农民向集体转变。过去承担负担客体主要是农民，现在逐步演变成农民、村组两级组织、农村中小学和农民专业合作社共同负担。三是范围由全体农民向部分农民转变。税改前全体农民都是“三提五统”和农业税的承担者，随着农业税的取消，那些需办审批手续的农民（比如农村建房农民）成了负担的主要承担者。四是形式由法定税费向服务性收费转变。现在农民已经没有法定负担了，有些部门却以花样百出的服务为名进行收费、强制服务收费，甚至只收费不服务。五是手段由收钱向收扣并行转变。除向农民收费外，还截留抵扣农民应得的钱款，还有国家给农民的各项补贴、征地补偿款、土地流转收益，都有被截留的现象。

三、新时期农民负担问题的原因分析

当前，不仅还存在一些加重农民负担的现象，也还存在今后反弹的可能，究其原因，主要在于影响农民负担问题的深层次原因和制度性因素还没有全部消除。

1. 城乡二元结构的格局没有根本改变

形成于计划经济时期的城乡二元结构，在农村税费改革之前，不仅没有得到明显的矫正，而且在某些方面进一步强化。农民不仅长期以工农产品价格“剪刀差”、土地征收征用等形式向国家提供积累，而且以税费、劳务等形式承担农村公共支出责任，包括基础设施、公益事业建设和基层组织运转等。这是农民负担问题产生且久治不愈的最主要原因。通过深化农村税费改革，取消一切专门面向农民征收的税费项目，对粮食生产实行补贴，进一步加大对农村基础设施建设的投入，这是一个历史性的转折。但是，由于农村人口数量庞大，农村建设欠账过多，加之“思维定势”和“体制惯性”等方面的影响，改变城乡二元结构是一个渐进而缓慢的过程，公共财政的阳光普照农村还有很长的路要走。因此，新时期农民仍然需要承担农村基础设施、农村公益事业建设等方面的义务。

2. 加快发展的主观意愿与客观条件不平衡的格局没有根本改变

一些地方和部门加快发展的主观意愿太强，不从当地客观实际出发，不考虑基层的承受能力，目标定得过高，任务要求过急，搞超前达标，甚至搞形式主义。在这种情况下，基层干部将面临得罪上级还是得罪农民的两难选择。从自身利益和前途考虑，基层干部往往“两害相权取其轻”，采取硬性摊派的办法完成上级任务，其结果必然是加重农民负担。少数地方和部门只注重表面政绩，不考虑实际效果，不听取农民意见，片面强调所谓的“亮点”和硬指标，而把农民的满意度作为软指标。这导致基层干部办事不分轻重缓急，不顾民情、民意、民力，热衷于“形象工程”，盲目搞超越发展，最后将负担转嫁到农民头上。

3. 农民仍然处于弱势地位的格局没有根本改变

不管是社会地位，还是信息对称方面，农民都处于十分明显的弱势地位。所以，一旦基层政府和部门遇到经济困难时，首先“想到的”就是农民。由于政策的不透明以及自身处境的弱势，大部分农民对此只能是“将信将疑”、“忍气吞声”。尽管村民自治实行了多年，基本实现了法律形式上的村委会民主选举，近年来又普遍推行了村务公开、民主理财、“一事一议”筹资筹劳等制度，但从各地的实际情况看，农村基层民主总体上仍不完善。一些地方的基层干部民主意识缺乏，作风简单粗暴，遇事独断专行，不与农民商量，农民有意见却又无可奈何。目前在民主决策、民主管理、民主监督的内容、形式、程序等方面，农民还难以真正行使知情权、参与权、管理权、决策权和监督权。

4. 减轻农民负担法规政策得不到有效执行的格局没有根本改变

一是认识存有偏差。不少人将农民负担与农业税简单画等号，农业税一取消，就片面地认为农民负担没有了。看不到取消农业税是统筹城乡一体化发展的必然要求，是社会文明进步的必然结果。错误地将取消农业税看成是对农民的一种特别恩赐，对农民负担成因的复杂性、存在的长期性和解决的艰巨性缺乏深刻认识。这导致适应新形势、新要求的农民负担监管新政策出台少，宣传少。二是措施不到位。由于不少人（包括个别领导）认为取消农业税后农民已没有负担，农民负担监管可以松口气了，党政一把手“亲自抓、负总责”的意识淡化，肩负专项治理责任的有关部门工作软化，农民负担监管的“高压”态势弱化。三是手段缺乏。农民负担问题严重的非常时期，查处手段采取的是“撤职查办”等非常手段，但进入平稳期后，对一些违反政策损害农民利益的行为，就很难再用这种“非常手段”了，责任追究“睁一只眼闭一只眼”，使违法违规人员付出的代价和成本非常低甚至没有，导致违法违规加重农民负担的现象难以得到有效制止，减轻农民负担法规政策的权威性和严肃性受到严重削弱。

第二节　农民负担监督管理

一、农民负担监督管理体系

1. 农民负担监督管理的概念

农民负担监督管理是指各级党委、政府、农民负担监督管理部门和其他有关职能部门，依照有关法律法规和政策规定，对涉及农民负担的事项进行监督管理，它是农村经营管理的重要内容。农民负担监督管理工作，上联政府许多部门，下系千家万户，政策性强，牵涉面广，工作难度大，必须在当地党委政府的统一领导下，下大决心、花大力气，多措并举，惩防并举，标本兼治。

2. 农民负担监督管理系统

农民负担监督管理工作，是一项长期而艰巨的任务，是一个综合的、完整的系统工程。它不仅涉及农村、农业和农民问题，也涉及整个国民经济建设和社会发展问题，归根结底是农村收益分配过程中如何处理国家、集体和农民利益关系的问题。它的整个系统，包括组织子系统、决策子系统、指挥子系统、控制子系统和信息子系统。这些子系统共同组成完整的管理系统。整个的管理系统是由国家最高领导、最高领导机关通过建立自上而下的各级领导机构、行政管理机关，以及各自负责的管理职责、日常有效的工作秩序，以便组织工作人员调查研究，依据宪法制定和完善法律法规，并据此确定减轻农民负担政策，发布有关命令、决定等规范性文件，作出贯彻落实工作的具体安排。通过分析某一时期出现的问题，明确减轻农民负担工作在这一时期的指导思想、工作目标和主要任务，完成任务的步骤和措施，以及依法执行督查、检查、监察，及时给予违纪人员党纪政纪处分，对严重违法人员追究刑事责任。

3. 农民负担监督管理内容

农民负担既包括合法负担，也包括不合法负担。对农民的合法负担要深入研究，规范收取，逐步减轻；对不合法负担要严格禁止，加强监管，防止反弹。

新时期农民负担监督管理的内容，主要包括以下几方面：①村集体公益事业建设筹资筹劳；②涉农行政事业性收费、经营服务性收费；③对农民、农民专业合作社、村级集体经济组织的各种集资；④农民承担的其他费用和劳务；⑤对农民、村级集体经济组织的补贴补偿和对村级财政性补助资金的发放、使用。

二、农民负担监督管理工作职责

1. 各级党政领导的责任

减轻农民负担是我国农村基本政策之一，不可动摇。国务院办公厅《关于做好当前减轻农民负担工作的意见》（国办发〔2006〕48 号文件）指出："地方各级人民政府要继续坚持主要领导亲自抓、负总责的工作制度，层层落实责任，一级抓一级，一级对一级负责。"坚持将减负惠农政策落实情况纳入政府工作目标考核体系的制度，实行党政一把手负总责和"一票否决"制。

2. 农民负担管理部门的责任

县级以上人民政府农业行政主管部门是农民负担监督管理的职能部门，负责本行政区域内的农民负担监督管理工作，其工作经费列入本级人民政府财政预算。以江西省为例，为做好减轻农民负担工作，1992 年省政府成立"江西省减轻农民负担监督管理领导小组"这一非常设机构。此后因人事变动和领导分工调整，对组长及成员单位进行过多次变更，但其架构一直没有发生大的变化。组长由省委省政府分管农业的领导担任，成员由省农业厅、省委农工部、省监察厅、省发改委、省财政厅和省政府法制办组成，领导小组办公室设在省农业厅。全省大部分市、县都参照此做法，成立了减负领导小组及办公室。

根据规定，县级以上人民政府农业行政主管部门在农民负担监督管理工作中履行下列职责：宣传贯彻有关农民负担监督管理的法律、法规、规章和政策，并负责组织实施；对本级人民政府有关部门、单位制定的涉及农民负担的规范性文件进行审核；建立和完善农民负担监测网点，组织开展农民负担监测；负责组织开展对村级财务、公益性排涝费、"一事一议"筹资筹劳事项所筹资金等使用情况进行专项审计；受理有关农民负担问题的举报和投诉，负责或者会同有关部门调查处理违反农民负担法律法规政策的行为；依法应当履行的监督管理的其他职责。

3. 有关部门的责任

国务院办公厅《关于做好当前减轻农民负担工作的意见》提出："继续落实谁主管、谁负责的专项治理部门责任制，强化分工协作、齐抓共管的工作机制。"《江西省农民负担监督管理条例》第五条规定："县级以上人民政府财政、价格、监察、交通、国土资源、教育、审计、信访等其他行政主管部门应当按照各自的职责，依法做好相关的农民负担监督管理工作。"

纪检监察机关（政府纠风办）的主要职责：督促各有关部门认真落实减负惠

农法律法规政策，会同有关部门开展执法监察工作，及时查处严重违法违规案（事）件，追究和处理有关责任人，迅速查处群众的举报、控告。

财政部门的主要职责：严把面向农民的行政事业性收费的立项审核和发文关，统一规范收费、罚没手续。及时将惠农资金足额准确发放到户。做好或配合搞好涉及农民负担案事件和信访件的调查处理。

物价部门的主要职责：严格审核、检查涉及农民的行政事业性收费标准、集资、生产资料价格，纠正乱收费、乱涨价。清理纠正法律规定以外的集资，禁止和查处搭车收费和巧立名目收费。做好或配合搞好涉及农民负担案事件和信访件的调查处理。

法制部门的主要职责：把好涉农法律法规、规章及规范性文件的审查关，加强法制宣传，组织好有关法律法规、规章及规范性文件的清理和实施。

交通、国土资源、教育等部门要各负其责，按照职责分工负责督促、检查本系统的机关、单位，落实减轻农民负担法律法规和政策，查处违法违纪事件，追究有关单位和责任人的责任。

审计、信访等部门要在职责范围内做好涉及农民负担的有关工作。

三、农民负担监督管理五项制度

1. 实行涉农收费审核制度

凡涉及农民负担的收费都必须经严格审核。

（1）审核范围

原则上，涉及农民负担的行政事业性收费和经营性服务收费，都需经同级农民负担监督管理部门审核。

（2）具体要求

①涉农行政事业性收费项目，必须以法律、法规、国务院和省人民政府及其财政、价格主管部门的规定为依据；无依据的，不得向农民收取。涉农行政事业性收费标准的调整，必须由收费标准的制定机关批准。②按照中央关于统筹城乡发展、工业反哺农业、城市支持农村的要求，凡不利于农业生产、农民生活、农村发展的收费政策，要予以取消或废止；价格或收费标准过高的要予以降低。提供经营性服务必须坚持自愿原则，严禁强制服务并收费或只收费不服务的行为。规范涉及农村基础设施建设的收费项目和标准，严禁有关部门和单位搞超越农民现实承受力的建设项目从而加重农民负担。③规范涉及农民负担的行政事业性收费的管理，加强对涉及农民负担文件出台、项目公示的审核。市、县两级要定期

清理涉及农民负担的收费文件，规范向农民的收费项目、范围、标准等。

2. 实行涉农价格和收费公示制度

（1）涉农价格和收费公示的范围

凡按照中央和省两级审批权限和程序制定的涉及农民的国家行政机关收费、经营性服务性收费以及省级以上政府价格主管部门制定的涉及农民的重要商品和服务价格，均应实行公示制度。

（2）主管部门的责任

市、县价格、财政部门要将省价格、财政部门审核批准取消、保留、调整（或降低）的涉农收费项目、标准和涉农价格，及时通过正式文件、政府网站、广播电视、报刊、宣传栏、公示牌等多种形式向社会公布。价格主管部门作为收费公示栏的监制单位，要加强对收费公示内容的审查，确保公示内容准确、完整，确保公示的项目、标准与收费许可证或有关文件规定相一致，严禁将各种越权收费、超标准收费、自立项目收费等乱收费行为通过公示“合法化”。

（3）公示内容需完整、准确

收费公示的主要内容包括：收费项目、收费标准、收费依据（批准机关及文号）、收费范围、计费单位、投诉电话等。

（4）公示形式要符合规定

公示可采取设立公示栏、公示牌、价目表（册）或电子显示屏、电子触摸屏等方式。各单位的收费公示栏要长期固定设置在收费场所或社区等方便群众阅读的地方，还可以通过报纸、电视、广播等形式进行公示。

3. 实行农村公费订阅报刊限额制度

（1）总体要求

乡镇、村级组织和农村中小学校公费订阅报刊，必须坚持自愿订阅原则，严禁摊派发行，不得超出或变相超出限额标准。

（2）公费订阅报刊的范围

以江西省为例，乡镇、村级组织、农村中小学等基层单位用定额管理的公费订阅党报党刊的范围，是指《人民日报》、《求是》杂志、《光明日报》、《经济日报》、《江西日报》、《当代江西》杂志，设区市委机关报、县委机关报（全省仅有两家）。各级党政部门和单位及下属单位、行业协会所办行业报刊一律不得到村级和农村中小学订阅。

（3）具体的限额标准

国定和省定扶贫开发重点村，全年报刊订阅费用总额控制在400元以内，其他经济状况一般的村控制在600元以内；村级集体经济收入在8万元以上的村，全年订阅报刊费用总额在800元以内。完小、中心小学、初级中学、九年一贯制学校订阅报刊经费的最高限额分别为600元、800元、1 000元和1 200元。限额内经费优先保障订阅范围内的党报党刊。订阅经费如有剩余，村级组织可自愿订阅其他与农村经济发展和党的建设有关的报刊，学校可自愿订阅与教育有关的报刊。

4. 实行农民负担监督卡制度

（1）农民负担监督卡的主要内容

其主要内容包括：农户家庭基本情况，农户承担的费用和劳务（包括村级"一事一议"筹资的数额和筹劳的个数），农户应享受的各种政策补贴，重点涉农税收、价格、收费公示内容，农民负担监督管理政策的主要规定，农民的权利与义务，设区市的举报电话等。

（2）有关要求

以江西省为例，符合《江西省农民负担监督管理条例》规定的筹资筹劳事项、标准、数额，由乡镇人民政府在省人民政府农业行政主管部门统一印制或者监制的农民负担监督卡上登记。村民委员会应当将农民负担监督卡分发到农户，并张榜公布筹资筹劳的事项、标准和数额。乡镇农民负担监督管理人员要严格按监督卡的项目认真组织填写，不准漏填、不准省略、不准随意更改、不准增项加码，保证监督卡内容的准确齐全。

5. 实行涉及农民负担案（事）件责任追究制度

（1）总体要求

地方各级党委、政府应当对本地区贯彻执行减轻农民负担政策的情况实行有效的监督管理，严格执行责任追究制度，对发生涉及农民负担的恶性案件、严重群体性事件或造成重大影响的其他案（事）件负有责任的县（市、区）、乡（镇）党政领导人员和其他直接责任人员，给予党纪、政纪处分。

（2）责任追究对象

责任追究对象是指因农民负担问题引发的恶性案件、严重群体性事件或造成重大影响的其他案（事）件的县（市、区）、乡（镇）的党政主要负责人和对案（事）件发生负有直接领导责任的其他党政领导班子成员，以及有关部门的领导人员和其他直接责任人员。

（3）责任追究权限

责任追究权由市、县（市、区）党委、政府按照干部管理权限行使。市、县

（市、区）农民负担监督管理部门根据调查、检查和考核结果，向本级党委、政府提出责任追究的建议，经批准后，由纪检、监察、组织、人事等机关和部门根据各自的职责具体执行。对涉及农民负担案（事）件的其他直接责任人员，按照干部管理权限和有关规定给予党纪、政纪处分。

（4）调查处理的有关规定

涉及农民负担的恶性案件、严重群体性事件或造成重大影响的其他案（事）件发生后，县（市、区）、乡（镇）党委、政府及有关部门应当按照规定的程序和时限上报，并配合、协助上级机关进行调查，不得隐瞒不报、谎报或拖延报告，不得以任何方式阻碍、干扰调查。

（5）具体适用情形

具有下列情形之一的，对担任党内领导职务的责任追究对象给予警告、严重警告处分；情节严重的，给予撤销党内职务处分；情节特别严重的，给予留党察看、开除党籍处分。对担任行政领导职务的责任追究对象给予警告、记过、记大过处分；情节严重的，给予降级、撤职处分；情节特别严重的，给予开除公职处分。对同时担任党内领导职务和行政职务的责任追究对象，情节严重的，应当同时给予党纪、政纪处分。

①违反减轻农民负担政策、工作作风粗暴或违反规定采取措施，导致农民死亡或直接造成农民受重伤的；

②违反减轻农民负担政策，侵害农民的合法权益，导致发生干群冲突群体性事件或影响社会稳定的其他群体性事件的；

③发生因涉及农民负担而造成重大影响的其他案（事）件的。

四、农民负担监测

1. 农民负担监测的目的

通过监测网点，及时掌握监测户家庭收支情况和负担动态情况，据此判断当前农民负担形势，了解农民负担的新情况、新问题和新趋势，为出台农民负担监督管理政策文件、确定农民负担监督管理工作重点、明确监督管理重点措施和手段提供依据和参考。

2. 农民负担监测点的设立

目前，国家统一组织开展了农民负担监测，根据不同的经济类型和社会自然条件，选择了100个县（市、区）作为基本监测单位。监测工作以县为单位建立监测数据库，每个县市选择2个乡镇、6个村委会的30户农户作为监测户。例如，根据农业部农民负担监督管理办公室的要求，江西省选择瑞昌市、泰和县、玉山县和南城县4个县市进行农民负担监测，4个县共选择8个乡镇24个村120户农户作为监测户。

监测点要保持相对稳定，以利于对比分析。但是，对不能代表当地负担水平的监测点（包括县市、乡镇、村和户）要及时进行调换。调换实行报批制度：监测村、户的变化由县级农民负担监督管理部门审批，同时报省减负办备案。监测乡镇和县（市）的变动报省减负办审核后，由省减负办报农业部农民负担监督管理办公室审批。

3. 农民负担监测数据的取得

监测数据的取得主要由县级农民负担监督管理部门负责。数据必须保证真实全面、不弄虚作假，实效性强，计量、平衡关系正确。数据处理的一般流程为：①入户调查。县（市）农业局经管站负责监测工作的同志从网站下载打印监测表格，独自或会同乡镇经管站工作人员深入监测户家中，询问有关情况并将有关数据填入表格中。②分析整理。将入户取得的资料和数据进行分析整理，如有疑问进行进一步核实。整理分析后，可先行撰写监测分析报告。③录入系统。登陆全国农民负担监测系统，将有关数据录入并保存。④申请审核。仔细检查核对数据，确认无误后提交省级审核。省级审核后，将全省情况提交部里审核。无论哪一级，申请审核后，无权再对数据进行修改。省级和部级如有疑问或觉得数值异常，可以进行核实，并选择异常值，由县级负责说明。

五、农民负担监督检查

1. 农民负担监督检查的必要性

监督检查是保证正确决策落到实处的后续措施。党中央国务院对减轻农民负担工作历来高度重视，出台了一系列强农惠农富农政策，制定了很多具体措施，下发了很多文件。但有些地方和单位对这些三令五申的政策文件就是落实不够到位，甚至阳奉阴违、有令不行、有禁不止，致使一些农民负担问题久治不愈。这种问题的原因很多，但决策、决定做出之后监督检查不力是一个重要的方面。通过严格的、周密的、细致的监督检查，可以及时发现基层贯彻执行过程存在的问题，及时纠偏，及时制止，及时处理，促使正确的决策真正得到贯彻落实，进而维护农民的切身利益，维护党和政府在农民中的信用和威望。

监督检查既是检查又是调研。加强减轻农民负担工作的督促检查，不仅可以推动决策的正确实施，而且可以把执行中遇到的新情况、新问题及时予以反馈，倾听基层干部和农民的心声，吸收地方创造的好经验和好做法，进而对政策进行改进、完善甚至是调整，不断提高决策的科学性、可操作性和实效性。同时，开展经常性的减轻农民负担督促检查，可以帮助县乡政府及干部认清减轻农民负担形势，掌握减轻农民负担政策，提醒基层干部需毫不松懈、持之以恒地做好新形势下的农民负担监督管理工作。

2. 农民负担监督检查的主要形式

一是重点督办。会议决定的事项、领导交办的事项、群众反映的信访件等临时性、不特定性的事情，应及时通知相关设区市和主管部门抓紧落实，明确工作要求和时限，做到事事有落实、件件有回音。

二是暗访督查。不打招呼、不搞陪同、不亮身份、不准接待，采取随机抽查的方式，对某地或某几个地方进行暗访，检查当地农民负担真实情况，发现问题严重的应及时向上级领导汇报，责成有关地方限期整改。

三是专项检查。为了解掌握一年或近几年的农民负担工作开展情况，减负办单独或联合纠风办、财政、发改、法制办等部门，采取全面检查或者抽查的方式，对几项重点内容进行检查。检查前，制订方案、下发通知，必要时可以举办培训班就有关事项进行培训讲解。检查时，可采取听取汇报、翻看资料、查看凭证、召开座谈会、进村入户等方式，必要时可以对个人单位或个人进行调查取证。检查后，要整理汇总检查情况，肯定成绩、分析问题，向当地党委政府进行反馈，提出整改要求，必要时要向上级部门和领导汇报。

3. 农民负担监督检查的工作方法和步骤

一是结合实际，制订方案。根据上级的统一部署，结合本地实际，找准当地当前减负工作中的突出问题，有针对性地提出具体的工作目标、任务、重点、措施、步骤和具体要求，并制定切实可行的实施方案。

二是宣传动员，全面部署。为使各级统一对农民负担监督检查的思想认识，要采取多种形式进行广泛动员，让各级主管部门和广大农民朋友知晓监督检查的意义、政策、重点和时间安排及有关要求，充分发挥各级各界的积极性和主动性，为监督检查工作的顺利完成奠定基础。同时，要督促各级按照时间要求及时进行部署，并抓好落实。

三是精心组织，认真实施。各级、各部门根据监督检查任务要求和时间节点，落实人员，明确责任，细化措施，强化保障，加强督促，确保按时、保质、保量地完成各阶段任务。组织方可采取调度督促、印发简报、通报进展等措施，推动各地均衡有效开展工作。

四是督促检查，总结验收。工作告一段落时，监督检查的组织部门要组织开展检查评估工作，检查各地工作的开展情况，政策落实情况，总结推广各地的好经验、好做法，督促相关市县和有关部门抓好整改落实。全面检查结束时，要汇总整理分析情况、问题和做法，提出处理建议和下一步工作打算。

六、农民负担信访

1. 农民负担信访工作的任务和要求

一是要提高认识，增强自觉性。信访是人民群众表达诉求和舒解情绪的重要渠道，是党和政府听取人民群众心声的重要通道，是群众观点和为人民服务的重要体现。做好信访工作，不仅可以了解社情民意，掌握社会动态，为领导决策提供参考依据和情报信息，而且可以加强与人民群众的血肉联系，化解社会矛盾，维护农村社会和谐稳定。农民负担信访工作做得好，问题处理得及时到位，可以提升党和政府在农民朋友中的良好形象，提高党和政府威信，巩固党在农村的执政基础。

二是要坚持原则，注意方法。坚持属地管理、分级负责，谁主管、谁负责，依法、及时、就地解决问题与疏导教育相结合的原则。依照有关法律法规要求，建立健全信访工作制度，规范信访程序，明确工作责任，使得信访工作有章可循。要想农民所想、急农民所急，充分倾听农民的心声，充分理解农民的难处，尽力解决农民的合理诉求，要尊重农民、体谅农民、关爱农民，做农民的贴心朋友，取得农民的信任。要防止将矛盾激化或将矛盾扩大。把矛盾解决在基层，解决在萌芽状态。

三是预防在前，争取主动。扩大视野和信息渠道，建立健全监测、预警机制，对重大和苗头性问题，要及早发现、制定预案、及时上报、当机立断、科学处置，牢牢把握工作的主动权。

2. 农民负担信访工作的原则

一是实事求是，依法依规。对农民反映的问题，要秉持实事求是、公平公正的态度，遵照法律法规和有关政策规定，认真做好受理、调查、处理、反馈、复核等各环节工作，妥善解决农民的信访诉求。

二是分级负责，归口办理。接待处理农民负担的来信来访，要按照“分级负责、归口办理”的原则，根据反映问题的性质，按业务分工和职责范围交有关部门和单位查办处理，将问题解决在基层、解决在第一时间。

三是注重调解，积极疏导。对有苗头可能出现的集体上访，有关部门和单位要及时向上级领导汇报和有关部门通报情况，提前介入、深入调查、安抚情绪、妥善处理，努力把问题解决在基层。对已发生的越级上访或集体上访，相关单位领导要高度重视，亲自出面接待，并做好农民的思想疏导工作，积极动员上访的农民群众返回工作岗位或居住地。

四是认真履责，按时报结。行政机关及其工作人员办理信访事项，应当恪尽职守、秉公办事，查明事实、分清责任，宣传法制、教育疏导，及时妥善处理，不得推诿、敷衍、拖延。一般的信访事项应当自受理之日起60日内办结；情况复杂的，经批准，可以适当延长办理期限，但延长期限不得超过30日，并需向信访人说明延期理由。

五是严肃纪律，严防滥权。行政机关工作人员与信访事项或者信访人有直接利害关系的，应当回避。根据《中华人民共和国信访条例》规定，行政机关工作人员将信访人的检举、揭发材料或者有关情况透露、转给被检举、揭发的人员或者单位的，依法给予行政处分。信访人捏造歪曲事实、诬告陷害他人，如构成犯罪的，要依法追究刑事责任；尚不构成犯罪的，由公安机关依法给予治安管理处罚。

3. 农民负担信访的办理

一是受理。受理是信访工作的第一关，且直接面对信访农民，所以接待态度要热情有耐心，认真倾听和记录农民诉求。在此基础上，按照法律法规和有关政策作出受理或不受理的决定。对依法可以不予受理的，应当告知信访人依照有关法律、行政法规规定程序向有关机关提出。对依法应当受理的，应当转送有权处理的行政机关，有重要情况需要反馈办理结果的，可以要求其在指定办理期限内反馈结果，提交办结报告；情况重大、紧急的，应当及时提出建议，报请本级人民政府决定。

二是处理。处理是信访工作的关键环节，应开展深入细致全面的调查，在事实清楚、性质明确的基础上提出处理意见。凡合理诉求要应尽力尽快解决，因客观条件限制一时难以解决的，应努力创造条件予以帮助，并真诚地向农民讲明情况，争取群众理解缓步解决；对政策尚无明确规定的，农民又确实有实际困难的，可参照有关政策、规定，变通处理；对提出不合理要求或政策明确规定不能解决的诉求，要做好说服教育工作，切忌简单粗暴。

三是督办。督办是信访工作的内部监督机制，对确保信访工作质量、维护农民权益具有十分重要的作用。无正当理由未按规定程序办理、办结及反馈结果的，应当及时督办，督促有关机关按时书面反馈情况。

第三节 村民“一事一议”筹资筹劳

一、“一事一议”筹资筹劳概述

1. “一事一议”筹资筹劳的含义

“一事一议”筹资筹劳，是指为兴办村民直接受益的集体生产生活等公益事业，例如按照《江西省农民负担监督管理条例》的规定，经民主程序确定的村民出资出劳的行为。“一事一议”筹资筹劳，是农村税费改革试点时，因取消村提留和“两工”后，为满足村内公益事业建设需要而作出的一项制度安排。

2. 开展“一事一议”筹资筹劳的意义

开展村民“一事一议”筹资筹劳，对于充分发挥农民群众在新农村建设中的主体作用、推进农村基层民主建设进程、构建农村和谐社会具有十分重要的作用。

一是有利于发挥农民的主体作用。农村经济社会的持续发展，农村落后面貌的根本改变，最终要依靠农民群众的辛勤劳动和艰苦奋斗才能实现。在国家不断加大强农惠农富农政策力度的同时，必须充分发挥广大农民的积极性、主动性和创造性。开展“一事一议”筹资筹劳，因为充分尊重农民的意愿，由农民自主开展公益事业建设，而不是强迫命令或包办代替，所以有利于调动广大农民参与农村公益事业建设的积极性，有利于充分发挥农民群众在社会主义新农村建设中的主体作用。

二是有利于推进基层民主建设进程。村民“一事一议”筹资筹劳的核心和精髓是民主决策。温家宝总理指出“‘一事一议’制度是个新事物，还应当在实践中不断加以完善。但重要的是必须认识到，这是完善农村基层民主制度要必须迈过的一道‘坎’。”通过开展村民“一事一议”筹资筹劳，可以促进基层干部逐步学会与群众商量、按民主程序办事，增强民主管理水平；可以促进村民逐步养成参与民主议事的习惯，珍惜自身的民主权利，增强民主意识，不断推进基层民主建设的进程。

三是有利于构建农村和谐社会。开展村民“一事一议”筹资筹劳，为解决村内事务搭建了一个村民广泛参与、平等协商的平台。通过这个平台，可以加强村民之间、干群之间的交流和沟通，增强基层干部和村民的民主意识和法制观念，有利于发挥村民的知情权、决策权、参与权和监督权，从而推进村内事务决策的公开、公平、公正，维护农民群众的合法权益。这不仅有利于构建农村和谐社会，而且有利于维护国家的长治久安。

3. “一事一议”筹资筹劳的原则

一是村民自愿。“一事一议”筹资筹劳以村民的意愿为基础。即议什么、干哪些、怎样干，都要听取村民的意见，尊重村民的意愿，不能强迫命令。村民自愿不仅是议事的基础，也是能否议得成、办得好的重要前提。

二是直接受益。“一事一议”筹资筹劳项目的受益主体应与议事主体、出资出劳主体相对应，即谁受益、谁议事、谁投入。全体受益的项目全村议，村民小组或者自然村受益的项目按村民小组或自然村议事。直接受益是提高议事成功率和增强实施效果的重要条件。

三是量力而行。确定“一事一议”筹资筹劳项目、数额，要充分考虑绝大多数村民的收入水平和承受能力。筹资数额和筹劳数量较大的项目要制定规划，分年议事，分步实施。

四是民主决策。“一事一议”筹资筹劳项目、数额等事项，必须按规定的民主程序议事，经村民会议讨论通过，或者经村民会议授权的村民代表会议讨论通过，切实做到民主参与、民主决策、民主监督。这是“一事一议”筹资筹劳制度的核心和关键。

五是合理限额。现阶段农民的收入水平还偏低，并且各地之间的差距也较大。省级人民政府应根据当地经济发展水平和村民承受能力，分地区制定筹资筹劳的限额标准，村民每年人均筹资额、人均筹劳量不得超过省定标准。

二、“一事一议”筹资筹劳的范围

1. “一事一议”筹资筹劳的适用范围

村民“一事一议”筹资筹劳的适应范围包括：村内农田水利基本建设、道路修建、植树造林、农业综合开发有关的土地治理项目和村民认为需要兴办的集体生产生活等其他公益事业项目。村内的项目具体包括：修建和维护生产用的小型水渠、塘（库）、圩堤和生活用的自来水等；修建和维护村到自然村、自然村到自然村之间的道路等；集体各种林木的种植和养护；农业综合开发有关的土地治理项目，包括中低产田改造、宜农荒地开垦、生态工程建设等。

属于明确规定由各级财政支出的项目不得列入“一事一议”筹资筹劳的范围。从目前情况看，主要包括以下几方面：大中型农田水利基本建设项目，乡级及以上道路建设项目，农村教育、计划生育、优抚等社会公益项目，农村电网改造后的户外线路及设备管护与维修项目，村干部报酬、办公经费等村务管理项目，上级部门已立项、要求基层政府配套的项目。

2. “一事一议”筹资筹劳的议事范围

按照受益范围划分，一般有3种情况：

一是全村范围受益的项目。这类项目适合在全村范围内民主议事，应通过召开村民会议或者村民代表会议进行讨论和决策。

二是建制村内部分群体受益的项目。这类项目在不影响村整体利益和长远规划的前提下，根据受益主体和筹资筹劳主体相对应的原则，可适当缩小议事范围，在村民小组或自然村范围内进行议事。

三是受益群体超出建制村范围的项目。例如，江西省规定，对于符合《江西省农民负担监督管理条例》规定条件、受益群体超出建制村范围的项目，在涉及的相邻村中先以村级为基础议事，所有涉及村都议事通过后，再履行相关手续。

3. “一事一议”筹资筹劳对象的确定

筹资的对象为本村户籍在册人口或者所议事项受益人口，筹劳的对象为符合筹资对象条件的男性18周岁至60周岁、女性18周岁至55周岁的劳动力。

五保户、现役军人不承担筹资筹劳任务，退出现役的伤残军人、在校就读的学生、孕妇及分娩未满一年的妇女不承担筹劳任务。家庭确有困难，不能承担或者不能完全承担筹资任务的农户可以申请减免筹资。因病、伤残或者其他原因不能承担或者不能完全承担劳务的村民可以申请减免筹劳。

三、“一事一议”筹资筹劳的程序

1. “一事一议”筹资筹劳的议事程序

第一步，提出筹资筹劳事项。筹资筹劳事项，由村民委员会提出，也可由1/10以上的村民或者1/5以上的村民代表联名提出。

第二步，广泛征求村民意见。筹资筹劳事项提出后，在提交村民会议或者村民代表会议审议之前，应当向村民公告，做到家喻户晓。同时，通过设立咨询点、意见箱等形式，广泛征求村民意见，并根据村民意见对筹资筹劳事项进行修改和调整。提交村民代表会议审议和表决的事项，会前应当由村民代表逐户征求所代表农户的意见并经农户签字认可。

第三步，按民主程序进行表决。

一是适时召开会议。召开村民会议，应当有本村18周岁以上的村民过半数参加，或者有本村2/3以上农户的代表参加。召开村民代表会议，应当有代表2/3

以上农户的村民代表参加。劳动力外出务工较多的地方，最好安排在春节前后或外出务工农民集中返乡期间召开会议。

二是充分发扬民主。村民委员会在召开村民会议或者村民代表会议之前，应当做好思想发动和动员组织工作，引导村民积极参与民主议事。在议事过程中要充分发扬民主，吸收村民合理意见，在民主协商的基础上进行表决。

三是民主公开表决。村民会议所做筹资筹劳方案应当经到会人员的过半数通过。村民代表会议表决时按一户一票进行，所做方案应当经到会村民代表所代表的户过半数通过。村民会议或者村民代表会议表决后形成的筹资筹劳方案，由参加会议的村民或者村民代表签字。

2. “一事一议”筹资筹劳的审批程序

以江西省为例，基于便民高效的考虑，《江西省农民负担监督管理条例》规定：“表决通过的筹资筹劳方案由村民委员会报乡镇人民政府审核同意后，由乡镇人民政府报县级人民政府农业行政主管部门备案；对不符合本条例规定的，应当及时提出纠正意见。”据此，筹资筹劳方案的审核权在乡镇人民政府这一级。但是，经乡镇人民政府审核的筹资筹劳方案须再报县减负办备案，如有超出范围、违反程序、突破限额、违背村民意愿等不符合规定的情形，县减负办应提出纠正意见，责令限期整改到位。

四、“一事一议”筹资筹劳的实施

1. “一事一议”筹资筹劳方案的执行

一是登记入卡。经审核备案通过的筹资筹劳事项、标准、数额，乡镇人民政府应当在省级人民政府农民负担监督管理部门统一印制或者监制的农民负担监督卡上登记。

二是筹资筹劳。村民委员会将农民负担监督卡分发到农户，并张榜公布筹资筹劳的事项、标准、数额。然后，村民委员会据此向村民收取资金、安排劳务，并出具“一事一议”筹资筹劳专用凭证。

三是施工建设。村民委员会或者项目建设管理小组制定施工方案，组织村民建设；按照当地规定需要招标、议标的建设项目，由村民委员会或者项目建设管理小组按照规定程序确定施工单位，签订施工合同。项目监督小组对项目建设、资金劳务管理实行事前、事中、事后全程监督；招标、议标的项目要委托监理单位对施工情况进行监理，工程质量由有资质的单位验收。

2. “一事一议”筹资筹劳所筹资金的管理

项目资金和劳务的管理由村民民主理财小组或者村民民主选举成立的项目资

金管理小组负责。村民民主理财小组或者项目资金管理小组按照村级财务管理制度或者筹资筹劳管理制度，负责资金和劳务的管理使用，相关情况纳入村务公开范围向村民公示。

筹集的资金应单独设立账户、单独核算、专款专用。筹集的资金具体采取什么形式管理，应由村民会议或者村民代表会议确定议事项目时一并讨论表决通过。采取“一事一议”方式筹集的资金，是专门用于兴办经民主程序确定的集体生产生活等公益事业的，它的使用必须坚持专款专用的原则。为确保专款专用，向出资人收取的资金必须单独设立账户储存，不能与其他资金混存、混用；所筹资金必须完全用于“一事一议”确定的专门项目，项目之间也不能混用，更不能平调挪作他用。

“一事一议”筹集的资金管理要做到票账齐全。在使用时，每项支出都须有收款方出具的正规发票或票据。没有正规发票或收据的支出，一律不予报销。同时，要建立专用账簿，将所有支出反映到账面上，做到票账齐全、票账相符、规范管理。

3. “一事一议”筹资筹劳以资代劳问题

属于筹劳的项目，不得强行要求村民以资代劳。村民自愿以资代劳的，由本人或者其家属向村民委员会提出书面申请，可以以资代劳。这样规定，主要是基于以下 3 方面考虑。

一是强行以资代劳违背了筹劳的初衷。目前，大多数农民的收入水平还较低，很难拿出或者不愿拿出较大资金投入到集体生产生活设施建设。同时，虽然外出务工人员较多，但农村劳动力资源十分丰富，特别是在农闲季节有大量劳动力闲置。因此，用投工投劳的形式让村民参与村内公益事业建设有利于充分利用农村劳动力资源。如果强行以资代劳，就不符合农村的实际，也违背了制度设计的初衷。

二是强行以资代劳有可能加重农民负担。通过“一事一议”的民主管理方式，把闲置的农村劳动力组织起来，兴办一些村民直接受益的集体生产生活公益事业，对绝大多数村民来说，出得起，也愿意出。如果强行以资代劳，对于那些无力外出却赋闲在家的农民来说，无疑会加重负担，容易遭到他们的反对，从而引发矛盾。

三是强行以资代劳容易出现挪用等问题。村民以出工方式参与集体生产生活公益事业建设，村民所出工的多少及质量如何，看得见、看得清，一目了然，便于大家相互监督。但强行以资代劳，把工日折成现金，就给侵占、挪用以资代劳款提供了可乘之机。所以，严禁强行以资代劳，是防止农民负担反弹的一项重要举措。

当然，筹资还是筹劳最终由农民自主选择，不得要农民既出资又出劳。

五、“一事一议”筹资筹劳的监管

1. “一事一议”筹资筹劳监管的职责划分

农业部、各级地方人民政府农民负担监督管理部门及乡镇人民政府在“一事一议”筹资筹劳监督管理中都肩负着职责。

农业部负责全国“一事一议”筹资筹劳的监督管理工作。其主要任务是：起草有关“一事一议”筹资筹劳管理的法律、行政法规，研究制定有关政策；负责“一事一议”筹资筹劳管理的法律、行政法规、政策的贯彻实施和监督检查；具体负责“一事一议”筹资筹劳的日常监督管理，与有关部门联合组织实施“一事一议”筹资筹劳项目补助、以奖代补工作；协助有关部门查处违反“一事一议”筹资筹劳规定的重大案（事）件；指导各地开展“一事一议”筹资筹劳的试点、示范工作。

省级人民政府农民负担监督管理部门负责本行政区域内的“一事一议”筹资筹劳监督管理工作。其主要任务是：制定本省“一事一议”筹资筹劳的有关制度并监督实施；与有关部门联合组织实施“一事一议”筹资筹劳项目补助、以奖代补工作；组织本地区村民“一事一议”筹资筹劳的检查，协助有关部门查处本省违反“一事一议”筹资筹劳规定的重大案（事）件；指导全省各地开展“一事一议”筹资筹劳的试点、示范工作；根据本省经济发展水平，提出“一事一议”筹资筹劳限额标准；设计、印制或者监制本省农民负担监督卡、专用收据和用工凭证样式。

市县人民政府农民负担监督管理部门负责本行政区域内“一事一议”筹资筹劳的监督管理工作。其主要任务是：制定本地区“一事一议”筹资筹劳的有关制度并监督实施；备案“一事一议”筹资筹劳方案，纠正不符合“一事一议”筹资筹劳规定的有关问题（县级）；对“一事一议”筹集资金和劳务的管理使用情况实施监督、审计；与有关部门联合组织实施“一事一议”筹资筹劳项目补助、以奖代补工作；组织本地区村民“一事一议”筹资筹劳的检查，协助有关部门查处违反“一事一议”筹资筹劳规定的行为；开展“一事一议”筹资筹劳试点、示范工作。

乡镇人民政府负责本行政区域内“一事一议”筹资筹劳的监督管理。其主要任务是：指导村民委员会按照民主程序召开村民会议或者村民代表会议；协调相邻村共同直接受益的“一事一议”筹资筹劳项目的组织实施；审核村民委员会报送的“一事一议”筹资筹劳方案的合规性；在农民负担监督卡上登记“一事一议”筹资筹劳事项，督促村民委员会将农民负担监督卡发放到户；监督村民委员会按照“一事一议”筹资筹劳方案实施。

2. “一事一议”筹资筹劳限额

国家规定，省级人民政府农民负担监督管理部门应当根据当地经济发展水平和村民承受能力，分地区提出村民“一事一议”筹资筹劳限额标准，报省级人民政府批准。之所以要规定限额，主要是基于以下两点考虑。

一是落实法律规定的要求。《中华人民共和国农业法》第七十三条规定：“农村集体经济组织或者村民委员会为发展生产或者兴办公益事业，需要向其成员（村民）筹资筹劳的，应当经成员（村民）会议或者成员（村民）代表会议过半数通过后，方可进行。”“农村集体经济组织或者村民委员会依照前款规定筹资筹劳的，不得超过省级以上人民政府规定上限控制标准，禁止强行以资代劳。”制定“一事一议”筹资筹劳限额标准，符合国家的法律规定，是依法保护农民权益的具体措施。

二是考虑农民的实际承受能力。目前我国农民的总体收入水平还较低，经济承受能力非常有限；同时由于经济发展不平衡，地区之间、农户之间的收入差距较大，相当一部分农户的经济条件落后。如果不分地区制定“一事一议”筹资筹劳的限额标准，就容易产生超出村民实际承受能力筹资筹劳、加重农民负担的问题。例如，中共江西省委、江西省人民政府《关于贯彻中发〔2005〕1号文件进一步提高农业综合生产能力的意见》规定：“一事一议”筹资标准，每人每年原则上不超过30元；筹劳标准，每个劳动力每年原则上不超过6个标准工日。筹资或筹劳由农民自主选择，不得要农民既筹资又筹劳。

3. “一事一议”筹资筹劳使用情况审计

地方人民政府农民负担监督管理部门应当将村民“一事一议”筹资筹劳纳入村级财务公开内容，并对所筹资金和劳务的使用情况进行专项审计。在具体工作中要重点把握审计内容和审计程序。

一要明确审计内容，主要包括以下6方面内容：

①是否严格按照审核通过的筹资筹劳方案筹集资金和劳务，有无超范围使用、超标准筹集问题。

②是否将“一事一议”筹资筹劳合理分解分摊到户，农民负担监督卡的填写是否规范。

③“一事一议”筹资筹劳有无增项加码和强行以资代劳问题。

④“一事一议”筹集的资金是否单独设立账户、单独核算。

⑤有无平调、挪用“一事一议”筹集的资金和劳务问题。

⑥“一事一议”筹资筹劳项目补助、以奖代补资金使用是否合理。

二要规范审计程序，主要包括以下7个步骤：

①制定审计工作计划。农民负担监督管理部门应根据上级的要求，结合“一事一议”筹资筹劳的实际情况，制定专项审计工作计划。对当地的审计对象，有计划、有步骤、分期分批地进行审计。

②拟定审计工作方案。农民负担监督管理部门根据年度审计工作计划安排和上级交办的任务，拟定审计工作方案，包括成立审计组，确定审计单位、范围、时间和内容等，经有关部门批准后实施。

③发出审计通知书。审计工作方案经批准后，应向被审计单位发出审计通知书。被审计单位接到通知后，应做好相应准备，提供必要的工作条件，配合做好审计工作。

④开展具体审计工作。根据确定的审计方式、要求和工作步骤开展具体的审计工作。通过审查凭证、账簿、报表，查阅文件、相关资料，检查现金、实物以及向有关单位和个人调查取证等方式，取得证明材料。

⑤提出审计报告。根据审计情况、各种证明文书及有关资料，进行综合分析，写出审计报告。审计报告要征求被审计单位的意见。

⑥作出审计决定。根据审计报告，作出审计结论和处理意见。对情节严重的有关责任人员，应提出纪律处分的建议。

⑦建立审计档案。审计终结，要建立审计档案，定期或长期保管，以备查考。

被审计单位对审计结论和处理意见有异议的，可向上一级农民负担监督管理部门申请复议。

4. 违法违规问题的处理（以江西省现行规定为例）

第一种情况，违反规定要求村民或者村民委员会组织筹资筹劳的，县级以上人民政府农民负担监督管理部门应当提出限期改正意见；情节严重的，应当向行政监察机关提出对直接负责的主管人员和其他直接责任人员给予处分的建议；对于村民委员会成员，由处理机关提请村民会议依法罢免或者作出其他处理。

第二种情况，违反规定强行向村民筹资或者以资代劳的，县级以上地方人民政府农民负担监督管理部门应当责令其限期将收取的资金如数退还村民，并依照《江西省农民负担监督管理条例》第二十八条规定，对相关责任人提出处理建议。

第三种情况，违反规定强制村民出劳的，县级以上地方人民政府农民负担监督管理部门应当责令其限期改正，按照当地以资代劳工价标准，付给村民相应的报酬，并依照《江西省农民负担监督管理条例》第二十八条规定，对相关责任人提出处理建议。

六、“一事一议”筹资筹劳财政奖补政策

1. “一事一议”筹资筹劳财政奖补范围

“一事一议”财政奖补范围主要包括：以村民“一事一议”筹资筹劳为基础、目前支农资金没有覆盖的村内水渠（灌溉区支渠以下的斗渠、毛渠）、堰塘、桥涵、机电井、小型提灌或排灌站等小型水利设施，村内道路（行政村到自然村或居民点）和环卫文体公共设施、植树造林等村级公益事业建设。林区作业道路建设、生物防火林带建设、村级防火应急和林业有害生物防控设备等林业生产性公益事业列入奖补范围。国有农林场、农垦企业代管的村、实行总分场管理体制改革后的分场的公益事业建设参照村级公益事业列入奖补范围。

跨村以及村以上范围的公益事业建设项目投入和农民宅前屋后的修路、建厕、打井、植树等投资投劳，以及违背村民意愿、超过省人民政府规定的筹资筹劳限额标准、超过村民承受能力兴办的村内公益事业建设等项目，不得列入奖补范围。

2. “一事一议”筹资筹劳财政奖补原则

一是民主决策，筹补结合。实施“一事一议”财政奖补，“一事一议”是基础，财政奖补是保障。“一事一议”财政奖补项目必须尊重农民主体地位，调动农民参与积极性，坚持农民自愿，以村民民主决策、自愿出资出劳为前提，政府给予奖励补助，使政府投入和农民出资出劳相结合，共同推进村级公益事业建设。

二是突出重点，注重实效。根据农村实际做好规划，选择工作基础较好、领导班子得力、群众积极性高的地方开展财政奖补，重点突破，以点带面，整体推进。要优先选择农民需求最迫切、反映最强烈、利益最直接的村级公益事业建设项目进行财政奖补，注重项目的实际效果。

三是因地制宜，分类指导。结合当地实际，因地制宜，制定具体的财政奖补办法，加强分类指导，确保奖补政策切实可行和农民群众真正受益。

四是规范管理，阳光操作。要建立健全各项制度，确保筹资筹劳方案的制订、村民议事过程、政府奖补项目的申请、资金和劳务使用管理全过程公开透明、公开公正，实现管理的精细化、科学化，保障农民的参与权、决策权、知情权和监督权。

3. “一事一议”筹资筹劳财政奖补工作程序

(1)“一事一议”筹资筹劳项目建设申请

奖补项目由拟开展需财政奖补的“一事一议”筹资筹劳的村通过所属乡镇政府向县综改、农业、财政部门提出“一事一议”筹资筹劳项目建设申请，县综改办汇同农业和财政部门审批后，村民委员会收集筹资，组织筹劳，开展项目建设。

(2)“一事一议”财政奖补资金申请

乡镇农经站应分村设立“一事一议”筹资专户（由财政所负责村账乡代理的乡镇，由财政所分村设立），在村民委员会收集村民筹资并全额交存所在乡镇“一事一议”筹资专户的同时，可向县综改、财政和农业部门提出财政奖补申请。县综改办会同县级财政和农业部门按职责分工对奖补申请进行审核后，汇总上报给所在市的综改、财政和农业部门。

(3)“一事一议”财政奖补资金拨付和清算

省财政采取预拨和年终清算的方式对奖补资金拨付到县（市、区）级财政部门，统一由县级人民政府负责，实行专账管理，列入政府收支分类科目中的“农村综合改革”款“对村级“一事一议”补助”项。奖补资金的发放实行国库集中支付和报账制。“一事一议”项目竣工后，由县综改、财政、农业、林业、水利、交通等部门组织验收，对验收合格的项目，出具验收报告。奖补金额较大的，经村委会申请，县级财政部门可以按项目建设进度分期报账，完工验收合格后清算补齐；奖补金额较小的，项目完工验收后，经村委会申请，由县级财政部门一次性拨付。

4. “一事一议”筹资筹劳财政奖补监管的相关制度（以江西省现行规定为例）

(1) 落实和完善“一事一议”筹资筹劳制度

农业部门要切实加强对“一事一议”财政奖补项目筹资筹劳的指导和监督管理，依照国家有关规定和《江西省农民负担监督管理条例》，严格掌握政策界限，及时纠正不符合“一事一议”筹资筹劳规定的有关问题。防止重奖补项目申报，轻议事项目审核；防止不经村民本人或其家属提出书面申请，将自愿以资代劳变成强行以资代劳，变筹劳为筹资；防止超标准、超范围、不经民主议事程序进行筹资筹劳。对资金需求量较大的议事项目可以一次议事，按规定的筹资限额标准筹集两年的资金，但须经全体村民同意，并报省级农民负担监督管理部门审核批准后方可实施，且第二年不准再筹。

(2) 实行“一事一议”筹资筹劳财政奖补项目建设情况公示制度

全面公开“一事一议”财政奖补政策、实施办法、办事程序和服务承诺，让村民对“一事一议”建设项目进行全程管理和监督。项目完工验收后，村级要将筹资筹劳数量、项目资金（含奖补资金和实物）安排使用等情况进行公示，得到村民认可，提高财政奖补工作的透明度和有效性。

（3）建立项目档案管理制度

已开展的“一事一议”奖补项目要进行归档管理，将村民“一事一议”筹资筹劳的会议记录、村民签字、筹资筹劳方案、奖补项目的申请表等相关原始材料汇总归档，规范管理。

（4）建立村级公益事业设施管护制度

按照“谁投资、谁受益，谁所有、谁养护”的原则，对“一事一议”财政奖补项目形成的资产，落实管护责任主体和养护资金来源，提高资产使用效率和养护水平，发挥资产的长期效用。

（5）建立监督检查制度

综改办、财政、农业部门要对“一事一议”奖补项目及资金使用的合理性、规范性和有效性进行检查。严禁超范围、超标准进行“一事一议”，加重农民负担。县综改办要设立和和公布举报电话，充分发挥社会监督作用。对试点工作成效显著的要予以奖励；对违反法规政策规定，虚报冒领、截留挪用奖补资金的，责令限期纠正，并依照有关规定追究相关责任人的责任。

第四节　涉农收费管理

一、收费的基本概念

1. 收费的界定

收费，是指公共部门依法对某种社会公益事业提供公共服务而向受益者收取费用。所谓公共部门，是指属于政府所有并实施政府职能的实体，包括行政部门和事业部门，前者称为政府公共部门，后者称为事业公共部门。事业公共部门可以提供准公共物品，如教育、卫生、供水等，这些准公共物品在一定意义上具有公共物品的特征。

2. 收费的范围

收费范围主要存在于准公共物品领域。所谓准公共物品，是介于纯公共物品与私人物品之间的物品。在实际生活中，纯公共物品是比较少的，公共部门提供的主要是准公共物品，如文化事业、基础设施、高等教育、职业教育等。相对于纯公共物品而言，准公共物品的非竞争性和非排他性特征较弱，效用可以分割，因而在一定范围或程度内，社会成员对准公共物品的消费具有明显的差异，有的社会成员消费得多，有的社会成员消费得少。同时，在供给方面，可以适用排他原则，将不为此付出代价的社会成员排除在消费者行列之外。

政府提供准公共物品所发生的费用，需要用税收来补偿，但又不能全部由税收来补偿。因为准公共物品的效用可以分割，消费存在差异，如果用税收形式补偿准公共物品的生产费用，实际上是让所有社会成员来共同承担，这不符合公平与效率的要求。一方面，会侵犯没有消费或少消费这部门准公共物品的社会成员的利益，使未受益者多负担，受益者少负担，破坏了社会公平。另一方面，会剥夺消费或多消费这部分准公共物品的社会成员根据自己偏好选择公共物品种类和规模的权利，使准公共物品的供应偏离最佳状态，降低经济效益。由此可知，收费是补偿准公共物品生产费用的一种必要形式。

收费一般不存在于纯公共物品领域。所谓纯公共物品，是指某个人的消费不会减少其他人的消费的商品，如国防、国家政权、基础教育、基础科学研究等。

3. 收费的三个基本要素及其构成

总体来看，任何一项收费都由收费项目、收费标准和收费资金 3 个基本要素构成。

一是收费项目。收费项目即收费的名目，类似于税收中的税目和价格中的品名，是收费赖以成立的依据。收费是否合理，首先在于名目是否合理。判断一项收费项目的合理性，可以从以下 3 方面入手：①必要性。收费主体需具有经济补偿或行政规制的目的，或兼有经济补偿与行政规制双重目的。②可能性。一方面是技术测量或技术排除的可能性，即能将受益者（或制害者）与其他的当事人有效地区分开来；另一方面，是经济测量或经济排除的可能性，即经济测量（或排除）的收益小于成本。③可行性。要将收费立项置于社会系统中来考虑，综合考虑政治、历史、文化、道德、心理等诸多因素。

如果收费当事人之间能就上述 3 方面达成共识，那么这种一致性就是收费合理性的衡量标准；如果不能形成一致性，则只能采用公共选择的方法，通过立法程序来审议，由此产生的“合法性”，便成为收费合理性的衡量标准。

二是收费标准。收费标准即收费项目价值内容的货币表现，类似于税收中的税率和价格中的金额，并兼有费额和费率两种形式。收费标准是收费结构中的核心要素，其所反映的收费价值内容，既不同于价格所示的私人成本，也不同于税收所示的社会成本，而是两者的复合状态，这种复合决定了收费标准的核定必须注意双重核算，兼顾两个方面。一方面，对私人成本进行社会调整，既包括将社会认为过高的私人成本降下来，如防止价格垄断的规制性收费，又包括将社会认为过低的私人成本提上去，如消除拥挤的准入性收费；还包括将社会认为含混的私人成本明晰化，如防止价格欺诈的规制性收费。另一方面，对社会成本的私人核算，既包括对社会成本的私人分摊，如为发展公共物品生产的集资性收费，又包括对社会成本的私人补偿，如非营利组织的补偿性收费。

三是收费资金。收费形成的资金归谁所有，如何分配和使用，是收费理论中甚为棘手和复杂的问题。在价格和税收里，其所有和分配是明晰的；价格收益归经营者所有，由经营者按相关财务制度管理和支配，同时照章纳税；税收收入归国家所有，由税务机关征收，由财政部门统筹分配。收费资金的复杂性既表现为收费主体的复杂性，又表现为收费客体的复杂性，还表现为收费性质的复杂性。通常情况下，收费主体凭借国家所赋予的职权而取得的非经营性的收费收入应归国家所有，并纳入财政资金管理；如收费主体是以民事主体身份提供劳务服务所取得的收入，则应归收费单位所有，并按其有关财务制度进行管理和支配，同时接受财税部门的间接管理。

4. 收费的分类

理论上通常把收费分为规费和使用费两种。规费是指政府在执行社会管理职能过程中，出于管理目的而向有关社会团体和个人提供公共服务时收取的费用，包括行政规费和司法规费。前者如护照费、商标登记费、律师执照费，后者如诉讼费。使用费是指在存在市场失灵的领域和行业中，公共部门向其所提供的特定公共设施的使用者按照一定的标准收取的费用，如水费、电费、煤气费、停车费等。使用费又大致可以分为 3 种：对使用公共设施或消费品的直接收费，拥有从事某种活动的特许权缴纳的执照费、公用事业特种费。

二、我国涉农收费管理的演变

1. “规费”阶段

新中国成立初到改革开放以前，在长期计划经济体制下，政府包办一切社会公益和福利事业，各行政机关和事业单位严格按照国家规定进行财务管理，不得在国家规定的工资之外发放钱物。各行政事业单位既没有收费的必要，也无收费的积极性。国家行政机关和事业单位为公民、团体或者其他组织提供某种劳务时，按规定收取的费用被称为“规费”。当时，这种“规费”只有企业注册登记费、房地产登记费、婚姻证书工本费、医疗服务收费、中小学杂费等少数几项。

这部分规费收入全部列入财政预算，是财政收入的一部分，各收费单位不能随意支配。

2. “行政性、事业性和经营性收费”阶段

改革开放以后，随着城市经济体制改革的开始，由政府包办一切公共事业的状况有了重大改变，各行政事业单位为弥补财政拨款不足和增发奖金等而普遍开始创收，国家机关和事业单位各种收费日渐增多。1982 年，辽宁省物价局首先提出行政事业性收费和经营性收费的概念。1987 年《中华人民共和国价格管理条例》正式使用行政性、事业性、经营性收费的概念。

20 世纪 80 年代中期，针对行政事业性收费管理权限分散，项目越来越多，范围越来越广，收费急剧膨胀，各级物价部门根据《中华人民共和国价格管理条例》对行政事业性收费进行了全面清理，并将其纳入价格管理范围。因收费的必要性涉及财政拨款等问题，需要财政部门参与，所以初步形成了物价部门为主、财政部门参与管理的格局。

3. “国家机关收费、中介机构收费、公益性服务价格、公用事业价格和经营性收费”阶段

随着经济体制改革的深入和计划经济向市场经济转变，同一收费主体面临多种性质的收费，行政事业性收费概念逐渐暴露出其局限性。首先是收费主体不明确。从收费性质对收费进行分类，在实际工作中往往难以划清行政性与事业性、事业性与经营性、行政性与经营性收费的界限，加大了收费管理的难度。区分不同性质的收费，其目的在于采取有区别的政策措施，有的要求严格一些，有的要求宽松一些，在同一收费主体存在多种性质收费的情况下，一种性质的收费管严了就会向另一种性质的收费转化，从而导致应该从严控制的没有管住，应该适当放宽的放不开，不利于科学规范各类收费主体的收费行为；其次是含义不准确。一般来说，行政性收费是在履行行政职能过程中发生的，但并不是所有的行政行为都收费，国家机关履行国家管理职能向社会提供公共服务是不收费的，其经费开支通过税收由财政预算解决。只有当国家机关向特定对象提供特殊管理服务并与接受服务双方构成对等权利义务关系时，其行政行为才与收费发生关系。行政事业性收费是一个概念模糊、内容庞杂的混合体，既包括需要推向市场，带有中介服务性质的检验、检测费、公证费，也包括弥补财政经费不足的各种管理费、审查审批费等，有的地方还通过收费筹集建设资金。这样，一些应由市场中介机构或企业收取的费用也由政府部门收取，收费标准不是以提供服务和接受服务双方权利义务为依据，而是从行政经费需要出发，使收费成为弥补管理经费不足的一种途径；再次是使用范围过窄。行政性收费不能包容国家机关收费的全部内容，如司法机关的收费并不是行政性收费，使用行政性收费概念具有局限性。

1997年颁布的《中华人民共和国价格法》停止使用多年的行政事业性收费概念，取而代之的是国家机关收费、中介服务收费、公益性服务价格、公用事业价格和经营性收费。《价格法》第四十七条规定“国家行政机关的收费，应当依法进行，严格控制收费项目，限定收费范围、标准。”第十五条规定“各类中介机构提供有偿服务收取费用，应遵守本法规定。”第十八条还分别对公用事业、公益服务收费作了规定。

三、涉农乱收费产生的原因分析

1. 利益分配关系及机制不规范，为乱收费提供了可能

从法律上分析，利益分配是一个宪法问题。宪法作为国家的根本大法，在一定意义上是一部“分权法”。在相关国家机关的众多权力中，利益分配权是一项较为重要的权力，而确定利益分配的权力的划分的制度，则构成了一个国家的利益分配体制。我国《宪法》第十三条规定：公民的合法的私有财产不受侵犯。国家依照法律规定保护公民的私有财产权和继承权。但是这一规定缺乏具体制度的支持，从乱收费泛滥的现实来看，这一规定对我国分配机制并没有刚性的约束力和指导性。例如，曾经有地方政府有段时间打着“人民城市人民建”、“人民教育人民办”的幌子，认为只要“用之于民”便是“取之合理”；还有人认为“管理就是服务”，因此只要有“管理的事实和服务的行为”便可收费。就农民而言，以土地为中心的农村集体财产产权关系不清，相关行为主体在参与对农业和农民利益再分配时，往往以合法的权力这件外衣掩盖自身不合法的行为和谋求的不合法利益，利用农民朴素、善良的感情和弱势的地位，强行收费或搭车收费，侵犯农民利益，加重农民负担。

2. 收费管理制度软化乏力，为乱收费提供了现实可能

我国目前的收费管理体制，从宏观上讲，实行的是收费项目、收费标准、收费资金三位一体的模式；从微观上讲，由收费许可证制度、明码标价制度、预算外资金账户储存制度、行政事业性收费预算管理制度等构成。但其存在一系列制度性的缺陷，难以有效遏制乱收费的泛滥。

（1）体系不全

在完整的收费管理关系中，包括以下5个主体：收费管理者、收费者、缴费者、监督者、信息处理者，五者直接形成了错综复杂的权利义务关系。但我国的

收费管理制度仅规范了收费管理者的权利和收费者的权利，而对管理者、收费者应履行哪些义务缺乏制度安排和明文规定，整个信息反馈系统尚未建立，这使得监督者的监督往往无章可循、无能为力。

（2）政出多门

按照现行制度，行政事业性收费实行中央和省两级管理，按隶属关系分别由国务院或省级物价、财政部门组织实施。项目管理以财政部门为主会同物价部门进行；标准管理以物价为主会同财政部门进行；涉及农民利益的收费，政策上还须经过农民负担监督管理部门审核同意。这种多头控制、相互交织的规定看似严密，但实际上弊端很多、漏洞很多，容易增加农民负担。

（3）收支挂钩

收支两条线的实行，虽然形式上将收费资金纳入了财政管理轨道，但也有明显的局限性，并未改变收支挂钩的实质，收费主体直接或间接支配收费资金的格局仍没有根本改变。从资金收缴方面看，目前我国收费主要有收费部门和单位直接收取、收费部门开票银行代收、财政部门集中征收和税务部门代征 4 种征收方式，其中收费部门和单位直接征收占多数，征收成本高，隐瞒截留、乱支挪用现象严重，收支两条线形同虚设。从资金拨付方面看，目前收支两条线管理采用差额返还和全额返还两种，前者财政部门将实行财政专户储存的收费单位的收费资金扣除 10% ~30% 的比例，分批返还给收费主体，收费总额和返还金额成正比；或者是财政部门根据收费单位编制的用款计划将专户储存的收费资金分批拨给收费主体。不管哪种返还方式，收得越多返还越多，收得越少返还越少。这就驱使基层政府和部门想方设法地向农民多收费，导致农民负担长期比较重。

3. “泛本位利益”的形成及其膨胀，作为内驱力刺激了乱收费

我国长期实行计划经济，由政府主导经济发展，构成了政府管理上的“条条”和“块块”。但实行社会主义市场经济的放权让利政策，激活了“条条”和“块块”的利益机制；预算外资金的设立，又为“条条”和“块块”的利益实现提供了活动的空间；自收自支、“权”和“利”紧密结合的收费机制，则刺激了“条条”和“块块”通过收费来实现自身权力保护和扩大既得利益，互相攀比，从而发生了政府利益部门化、部门利益单位化、单位利益个人化等种种恶劣现象，形成了“泛本位利益”。

4. 行政事业经费急剧膨胀，作为外驱力加剧了乱收费

改革开放以来，我国行政事业经费急剧膨胀，远高于同期财政收入增长幅度和全国人口的增长幅度。很多县的行政事业费占到财政收入的 80% 以上，有的贫困县甚至自身收入加上国家财政补贴还不够开支“人头费”。朱镕基同志在1998年的记者招待会上感慨地对记者们说“钱到哪里去了？政府机关庞大，吃‘财政饭’，把钱都吃光了”。行政事业经费的急剧膨胀，加剧了财政收支的矛盾。弥补财政不足本是收费的一个作用，而不是收费存在的依据和目的，但现实中的不少部门和单位以弥补财政不足为由举起了收费的大旗。之所以会出现这种局面，主要是政府职能转变滞后，包括常设机构、常设机构的内部机构、协调机构、非常设机构的膨胀，包括财政供养人员、地方尤其是县级干部严重超编，包括工资开支、会务开支、三公开支在内的刚性开支不断攀升。

四、涉农收费管理改革

1. 涉农收费管理改革的指导思想

收费秩序混乱，收费规模不断扩大的问题在于行政事业性收费管理体制与政府职能转变不相适应，价格、税收、收费、基金概念模糊，界限不清，收费缺乏合理规范和有效约束。因此，收费改革的指导思想应当是，适应市场经济条件下政府行政管理和事业发展的要求，理顺价格、税收和收费的关系，建立新的收费体系；分清政府与市场的责任，规范政府收支，该政府承担的责任财政需足额拨款，应有市场补偿的部分完全推向市场；限定政府部门收费范围，合理确定收费标准，规范收费行为；明确取消预算外资金管理体制，该由政府收取的费用一律纳入财政预算管理，该按商业原则收取的费用一律依法纳税。

2. 涉农收费管理改革的基本思路

坚持以下基本原则：一是有利于减轻包括农民在内的社会各方面负担，改善投资环境，促进经济发展。二是有利于增加财政收入，使国家预算内收入能承担起公共事务管理所需开支。三是有利于精简机构，促使政企分开、政事分开。四是有利于规范政府收费行为，建立起能有效约束收费膨胀的机制。五是有利于提供收费管理透明度，便于社会监督从而有效抵制乱收费。六是有利于发挥市场机制作用，凡具竞争性可从市场取得补偿的服务收费均按商业行为管理。

遵循以上原则，对现有经职能部门批准的收费项目逐一清理分类，分别进行改革：①把国家机关收费限定在国家机关为特定对象实施特定管理或提供特定服务，费用不应由全体纳税人承担的收费。②对原收费中属“准税收”性质的缴费者不直接受益、征收范围和标准具有相对稳定性、征收手段具有强制性的部分实施费改税，实现费税分流。③将原事业性服务中属“准公共物品”的部分改为公益服务价格，分清政府和市场的责任，完善公益服务价格补偿机制。④将原事业性服务中属政府提供使用者付费服务的收费项目改为公用事业价格。⑤将原行政事业性收费中基本上属“私人物品”但具有一定社会公益性的部分改为中介服务价格，促进中介机构与国家机关彻底脱钩。

3. 涉农收费体制改革的主要内容

一是转变政府职能，改革行政性公共服务收费管理。随着经济体制改革的深化和社会主义市场经济体制的不断完善，加快转变政府职能，将不应由政府行使的职能还给企业、市场和社会中介组织，并尽量减少行政性服务收费，使行政性公共服务收费仅限于行政机关为特定对象服务上。为弥补财政拨款不足的过渡性的收费，要随着财政状况的好转逐步取消；带有税收性质的收费，要逐步改为税；带有公诉等非行政性质的收费，要逐步转为中介服务收费。切实加强对行政事业性收费的监督，收费项目和标准必须集中审批，收费收入必须与收费主体的利益脱钩，收费的审批与收费收入的使用必须分开管理，收费标准的核定要严格按以收抵支、补偿成本消耗的原则，特别注意保护农民等缴费人的利益。

二是明确政府对社会公益事业的责任，逐步理顺公益性公共服务收费。直接为社会生活服务的事业单位，如设计、勘查、应用科技、体育、出版、新闻等，要逐步实行企业化管理，通过向市场主体和公民提供服务取得收入，来维持自身运转和发展。公益性事业单位，如教育、医疗、防疫等，要改变长期由国家全包的做法，在分清政府和消费者应承担的责任的基础上，明确各类公益服务收费的作价原则，逐步理顺公益服务收费标准，促进公益事业的健康发展。

三是规范中介服务收费，促进市场中介服务业的发展。中介服务组织是联结政府、市场和企业的纽带和桥梁，是市场经济不可或缺的重要组成部分。中介服务机构实行自主经营、自负盈亏，独立承担财产责任和其他民事责任。现行政府承担的一些职能要逐步交给市场中介服务组织，国家举办的部分事业单位要逐步转为中介机构。要根据中介服务组织转型的情况，实行不同的价格政策。对已经转为经营性的中介机构，其服务收费应按照经营性服务收费的原则进行管理，属于垄断性的，实行国家定价；属于竞争性的，逐步放开价格，实行行业自律，按照国家的规定自主确定价格。

四是区分“定价管理”和“资金管理”，建立起收费管理的制衡机制。在行政事业性收费管理方面，应建立起物价部门负责“定价管理”和财政部门负责“资金管理”相互制衡的管理体制。物价部门从收费行为上严格管理，把住“收钱关”，制止乱收费；财政部门从资金使用上严格管理，把住“花钱关”，管住收费单位的乱支乱花。这样两个部门既有分工，又有合作，双重把关，从而建立起收费的约束机制，有利于政府部门的权力制衡，有利于政府决策的科学性，有利于从根本上遏制收费膨胀的势头，有利于保护农民权益。

五、涉农收费管理原则

1. 收费管理原则

一是统一领导、分级管理。统一领导，就是指政府对收费管理，必须实行集中统一，统筹安排。收费方针政策、法律法规、规章和全国性收费计划，必须由中央统一制定和批准，不能政出多门。分级管理，就是按照不同收费的影响程度和特点，适当分权，分别由地方分级负责，发挥地方各级人大、政府及其价格主管部门的积极性，因时因地进行管理。二是间接管理与直接管理相结合。直接管理是政府直接制定少数重要收费项目和标准，间接管理是指政府通过宏观政策、通过法律法规来规范、约束、指导收费行为。三是促进公平、合法、正当竞争。四是维护国家利益，保护消费者、经营者的合法权益。

2. 行政性收费的审核原则

一是依法收费。依法收费是行政性收费区别于其他收费的基本标志之一，国家行政机关及其授权单位在向收费管理部门申报行政性收费项目时，必须以有关法律、地方性法规和行政法规为依据。二是从严掌握。鉴于行政性收费具有行政强制性和单方垄断性的特点，收费管理部门在审批其立项收费时，应从严掌握，做到“项目从严、标准从低”。三是集权审批。由于行政性收费直接体现国家意志、国家权威、国家尊严和国家形象，其审批权限应高度集中。

3. 事业性收费的审核原则

一是政策许可。在国家政策许可的前提下确定收费项目和制定标准。事业收费的主体是国家事业单位及类似机构，这些单位或机构向社会提供的服务一般都具有公共消费的特征和相对垄断性质，国家对这些经济活动进行了必要的干预和控制，也给予了一定经济资助，因此，事业单位的一切经济活动都有义务体现国家政策的要求，受国家政策约束。二是合理补偿。事业单位在向社会提供服务过程中，必然要发生消耗并要补偿，那些实行企业化经营、自收自支的事业单位和国家差额拨款的事业单位，它们的服务消耗一般都由收费补偿，即使那些全额拨款的事业单位在无专项经费拨款的情况下，对于某些临时性或超额性的财务支出也要由收费来补偿。其收费标准以实际服务成本扣除专门资金来源为基础核定，不得包含盈利。当补偿性与政策性发生矛盾时，补偿性服务从属于政策性。三是集中管理。事业性收费的项目和标准制定的权限集中在中央和省两级及其财政和物价部门，任何其他部门和地方都不得自行立项或提高收费标准。

4. 国家机关收费的管理原则

国家机关收费贯彻统一领导、分级管理、依法审批和收支分开的原则，实行收费许可证制度、收费审验制度和收费公告制度。收费项目依法设定。制定收费标准应坚持公正、公开原则，区别不同对象合理确定。证照费按制作、发放直接成本，包括制证、运输及损耗费用核定；注册登记费按直接费用核定；特许权使用费按资源、资产的价值和特许经营使用者预期经济收益情况确定；环境保护费应按略高于恢复、治理环境费用确定；调解费和诉讼费按行政、司法调解过程中直接消耗的人员工资额确定。

5. 中介服务收费管理原则

一是委托者付费原则。中介组织接受国家机关委托对企业或其他单位进行年审、检验、评估、咨询等，其费用由国家委托机关支付，不得向被检验、年审、评估、咨询单位收取，国家机关将不再把本职工作委托给下属中介服务机构，中介机构只能依靠提高服务质量招揽生意。二是收费许可原则。中介服务机构，无论是依法强制服务，或是委托服务，或是竞争性服务，无论是政府定价，或是协议价格，或是自主定价，均需要到物价部门办理《收费许可证》方可收费，因为即使是自主定价也须到物价部门备案。中介机构收费应使用税务部门统一税收发票，接受物价部门年审和物价、税务部门监督检查。三是中介机构收费应按完全成本加税金加发展金定价。这是中介服务价格与公益性服务价格和公用事业价格不同的地方。中介服务价格则按完全成本定价，既包括运行成本，也包括投资折旧和盈余。中介机构的简单再生产、扩大再生产资金全由服务价格支付。

六、当前主要的涉农收费政策

1. 农民新建、翻建自用住房收费政策

在财政部、国家发改委、农业部于 2004 年 1 月 17 日颁布下发的《关于公布农民建房收费等有关问题的通知》和江西省发改委 2009 年 12 月 2 日下发的《关于防止农民负担反弹切实加强涉农收费管理的通知》中，都明确规定：农民利用集体土地新建、翻建自用住房的收费政策，国家和省都有明确规定，并多次重申，即国土资源部门可按照规定收取土地证书工本费（普通证书每本 5 元，国家特制证书每本 20 元，由农民自愿选择），建设部门可按照规定收取《房屋所有权登记证书》工本费（每本 10 元）。除此之外，任何部门不得收取其他任何行政事业性收费，也不得强制或变相强制建房者接受测绘（丈量）、咨询、设计、评估、代办等经营性服务并收取费用。对违反国家政策规定，擅自收取管理费、开垦费、复垦费、防洪保安资金、测绘（丈量）费和押金等所有违规收费的行为，要及时纠正，依法查处。

2. 农村义务教育收费政策

例如，《江西省义务教育条例》和江西省发改委、江西省教育厅2011年7月20日发布的《关于下发〈关于规范我省中小学服务性收费和代收费管理有关问题的意见〉的通知》都规定："实施义务教育，不收学费、杂费、住宿费、借读费，并免费提供教科书和文字作业本。学校不得违反国家和省有关规定收取费用"。严禁将讲义资料、试卷、电子阅览、计算机上机、取暖、降温、饮水、校园安全保卫等作为服务性收费和代收费事项。农村地区义务教育阶段学校除按规定向学生收取作业本费、向自愿入伙的学生收取伙食费外，严禁收取其他任何费用。

3. 办理第二代居民身份证收费政策

江西省人民政府办公厅于2009年12月18日发布的《关于立即停止收取第二代居民身份证照相费的通知》中规定，人民群众办理第二代居民身份证只能收取工本费，其中申领、换领每证20元，丢失补领、损坏换领每证40元，除此之外，不得再收取照相费等其他任何费用。

4. 涉及农民专业合作社收费政策

以江西省为例，一是登记免费，《农民专业合作社法》规定，办理登记不得收取费用。二是年检免费，也就是说正常年检不得收取任何费用。三是关于组织机构代码证书IC卡，应本着自愿原则，不得强行发放、强制收费。四是处罚必须程序到位，即按照国家质检总局第110号令《组织机构代码管理办法》和江西省人民政府第75号令《江西省组织机构代码管理办法》的规定，未申领代码及代码证书或未办理代码证书变更、补发、换领、验证手续的，由技术监督行政管理部门责令其限期改正；拒不改正的，才可处以500元以上1 000元以下的罚款。如果事先不经下达整改令即予以处罚的，属乱罚款行为，应根据《农民负担管理条例》的相关规定予以纠正。

第三章　农民专业合作社建设与指导

改革开放后，我国实行了以家庭承包经营为基础、统分结合的双层经营体制。由此，千家万户的小生产与千变万化的大市场的有效对接，就成为制约农业发展和农民增收的大问题。广大农民为提高进入市场的组织化程度、增强抗市场风险能力，自发创建了各种类型的农民专业合作经济组织，因其性质与旧的农业合作化——人民公社有着本质的区别，从而焕发出勃勃生机。经过发展完善，不断得到各级政府的重视和支持，陆续出台各项政策加以扶持和引导，并最终规范发展成具中国特色的农民专业合作社。

我国农民专业合作社是深化农村改革、加快农业发展历史进程中的新生事物，是农业经营体制机制的伟大创新，是推进农业产业化经营的重要载体，并已逐步成为引领农民闯市场，助农增收的有效带动者，成为推动现代农业发展和构建农村社会和谐的重要力量。

国家高度重视农民专业合作社的建设与发展。2004 年至 2011 年以来的 7 个中央一号文件，都明确提出了扶持农民专业合作社发展的一系列政策措施。《农民专业合作社法》的颁布实施，为我国农民专业合作社的发展提供了法律保障。党的十七届三中全会《中共中央关于推进农村改革发展若干重大问题的决定》强调，要“按照服务农民、进退自由、权利平等、管理民主的要求，扶持农民专业合作社加快发展，使之成为引领农民参与国内外市场竞争的现代农业经营组织”，为当前和今后一个时期农民专业合作社建设与发展指明了方向。

第一节　农民专业合作社的概念和特征

一、合作社的基本概念

1. 西方有代表性的合作社定义

近代合作制思想是英国的空想社会主义者罗伯特·欧文在 19 世纪提出来的。欧文的合作制是建立在生产资料公有制基础上的集体劳动单位和消费单位。公社生产的目的不是为了利润，而是为了满足公社全体成员和社会全体成员的物质需要和精神需要。在罗伯特·欧文合作制思想的影响下，在英格兰纺织工业中心曼彻斯特市郊的小镇罗虚戴尔，28 名失业纺织工人创立了世界上真正意义上的第一个成功的合作社，即罗虚代尔镇的消费合作社——罗虚代尔公平先锋社。

自从“罗虚戴尔公平先锋社”诞生以来，尽管合作社的发展已有 160 多年的历史，但“合作社”却仍是经济发展中一个广泛而长久的命题，其概念随着社会、经济的发展在不断地调整和完善。

最权威的定义当属国际合作社联盟成立 100 周年大会（1995）的定义：“合作社是由自愿联合的人们，通过其联合拥有和民主控制的企业，满足他们共同的经济、社会和文化需要及理想的自治的联合体。”由此可以从中得到以下关于合作社定义的结论：

①合作社是一种特殊的企业组织，是一种由作为惠顾者（使用者）的成员“共同所有和民主控制的企业”。合作社的所有权是在民主的基础上归全体成员。这是区别合作社与其他资本控制或政府控制的企业组织的主要所在。

②合作社具有共同体或结社的性质，换言之，它具有社会属性。

③合作社是“人的联合”，它的经济主体是合作社成员。关于“人”，合作社可以用它们选择的任何法律形式自由加以规定。

④人的联合是“自愿的”和“自治的”。在合作社的目标和资源内，成员有加入或退出的自由。同时，合作社独立于政府部门和私营企业。

⑤成员组成合作社是为了“满足共同的经济和社会的需要”，即合作社的成立是着眼于成员。成员的需要是合作社存在的主要目的，而且成员根本的、首要的需要是经济需要。

⑥合作社“基于使用进行分配”，而且“在非盈利或成本基础上”经营。因此，我们不难看出，合作社是成员联合所有、成员民主控制、成员经济参与并受益的企业组织。

2. 我国合作社的定义

《中华人民共和国农民专业合作社法》（以下简称《合作社法》）第二条对农民专业合作社进行了简要的定义，包括两个方面的内容：一方面，从概念上规定合作社的定义，即“农民专业合作社是在农村家庭承包经营基础上，同类农产品的生产经营者或者同类农业生产经营服务的提供者、利用者，自愿联合、民主管理的互助性经济组织”；另一方面，从服务对象上规定了合作社的定义，即“农民专业合作社以其成员为主要服务对象，提供农业生产资料的购买，农产品的销售、加工、运输、贮藏以及与农业生产经营有关的技术、信息等服务”。

该定义明确了农民专业合作社是经济组织，并且是一种全新的、特殊的经济实体，它既不同于公司、合伙企业等企业法人，也不同于社会团体法人。农民专业合作社具有法人资格，是独立的市场经济主体，依法开展生产经营活动，并受法律保护。

按照这个法律定义，今天的农民专业合作社既不是过去的农业合作化运动的翻版，也不是现有的农村社区集体经济组织的强化，而是在新时期对农村微观经济基础的组织创新。

二、合作社的基本特征

1. 国际合作社的特征

国际合作社联盟100周年代表大会通过的《关于合作社特征的宣言》中，将合作社的基本特征概括为5个方面：

（1）要有统一的合作社的基本价值观

必须是自助、民主、公平和团结，合作社的社员价值观必须是诚实、守信、有社会责任和关心他人。

（2）要有统一的合作社的基本服务功能

必须是主要为社员服务、提供社员经济社会发展上的需求。

（3）要有统一的合作社的基本原则

国际合作社联盟明确了7项基本原则。

（4）要有统一的产权结构

合作社是社员联合所有的经济组织。一是不管是社员会员制，还是实行股份制，加入合作社的方式都是公平的；二是产权上拥有平等权利；三是民主控制合作资金，包括投资决策、剩余分配、集体资金积累资金所有等。

（5）要有统一规范的内部管理制度

合作社是社员民主控制的组织，有一整套规范的民主管理制度，以保证合作社的内部运作。

2. 国际合作社的基本原则

合作社原则是合作社把他们的价值观付诸实践的准则，是合作社区别于其他组织的基本标志，是区别合作社与其他组织的试金石。国际合作社联盟在《关于合作社特征的宣言》中，同时明确了合作社奉行的7项基本原则：

（1）自愿和成员资格开放原则

合作社是自愿的组织，对所有能够利用合作社的服务并愿意承担成员义务的人员开放。没有性别、社会、种族、政治或宗教的歧视。

（2）成员的民主控制原则

合作社是由成员控制的民主组织，成员积极参与制定合作社的政策和合作社的决策，选出成员代表对全体成员负责。在基层合作社，成员有平等的投票权（一人一票），其他层次的合作社（如合作社的联合社）也以民主的方式组成。

（3）成员的经济参与原则

包括：①成员按照公平的方式认购合作社股本，并对合作社的产权行使民主控制权。②合作社资本中至少有一部分通常是作为合作社的共同财产。③成员为取得成员资格而认购的资本通常只能得到有限的报酬。④成员的盈余分配用于以下任何一项或全部目的：发展其合作社、建立公积金，其中一部分至少是不可分割的；按照成员与合作社的交易额返还给成员；支持由全体成员通过的其他活动。

（4）自治和独立原则

合作社是由全体成员控制的自治、自助组织。如果他们与其他组织（包括政府）达成协议，或从外部筹集资本，都应当以确保成员的民主控制和保持合作社的自治为条件。

（5）教育、培训和信息原则

合作社向成员、选出的成员代表以及经理和雇员提供教育及培训，以便他们为合作社的发展作出贡献。合作社应当使普通民众尤其是青年等了解合作的本质和好处。

（6）合作社之间的合作原则

合作社应当最有效地为成员服务，并应当通过地方、国家、地区及国际组织之间的通力合作加强合作运动。

（7）关心社区原则

合作社根据成员批准的政策来促进其所在社区的持续发展。

成员资格开放、民主控制、按照惠顾额返还原则是国际合作社联盟七项基本原则的核心原则，也是各国、各种类型的合作社应当坚持的基本原则。

3. 我国合作社的特征

（1）以稳定农村土地家庭承包经营权为前提

它不是要取代以家庭承包经营为基础、统分结合的双层经营体制，而是对双层经营体制这一农村基本经营制度中的“统一经营”层次的丰富和完善。

（2）成员间有着共同的经济需求

连接成员之间的纽带是生产经营相同农产品或有着共同的生产经营服务需求，而不是血缘、地缘关系。

（3）是农户自愿选择的组织

农户根据自己的生产经营需求、意愿作出是否创建或加入合作社的决定。农户既可以参与建立或加入一个专业合作社，也可以参与组建或加入多个业务不同的专业合作社。任何人都不能强迫农户联合起来成立合作社，也不能强迫农户加入合作社。

（4）是实行经济民主的组织

成员不论其生产规模大小或出资额多少，人人地位平等，在成员大会上各享有一票基本表决权。

（5）是互助性的经济组织

合作社以成员为本、为成员服务，通过成员间的相互帮助、合作，完成单个农户干不了、干不好、干了不合算的事情。作为经济组织，合作社的收益分配是基于成员对于合作社的贡献来定，按照成员与合作社的交易量（额）比例向成员返还盈余，而不是按股分红。

4. 我国合作社的基本原则

农民专业合作社的基本原则体现了农民专业合作社的价值，是农民专业合作社成立的基本准则。只有依照这些基本原则组建和运行的合作经济组织才是《农民专业合作社法》调整范围内的农民专业合作社。

（1）成员以农民为主体

农民专业合作社的成员中，农民至少应当占成员总数的80%，并对合作社中非农民的成员数量有严格的限制。

（2）以服务成员为宗旨，谋求成员的共同利益

农民专业合作社是以成员的自我服务为目的而成立，通过互助合作的方式，解决农民的小生产与大市场的矛盾，实现全体成员利益的最大化。

（3）入社自愿，退社自由

在不改变农村家庭承包经营制度的前提下，凡具有民事行为能力的公民，能够利用农民专业合作社提供的服务，承认并遵守合作社章程，履行章程规定的入社手续的，都可以成为农民专业合作社的成员，农民可以自愿加入一个或多个合作社。农民可以自由退出合作社，退出的，农民专业合作社应当按照章程规定的方式和期限，退还记载在该成员账户内的出资额和公积金份额，并将成员资格终

止前的可分配盈余，依法返还给成员。

（4）成员地位平等，实行民主管理

合作社强调的是人的联合，社内人人平等，一人一票，重大事项必须经成员大会表决。对个别贡献大的成员，按照章程约定可以附加表决权，但不得超过总表决票数的20%。合作社内部严格实行民主管理，为保证社员的民主权力，法律在组织机构设置、大会召开及表决效力、领导层产生、监督管理机制、管理制度建设、收益分配决定等方面都作出了详细规定，以防止合作社被少数人控制或操纵，保证成员地位平等原则得到贯彻。

（5）盈余主要按照成员与农民专业合作社的交易量（额）比例返还

盈余分配方式的不同是农民专业合作社和其他经济组织的重要区别。为了体现盈余主要按照成员与农民专业合作社的交易量（额）比例返还的基本原则，保护一般成员与出资较多成员两个方面的积极性，可分配盈余中按成员与本社的交易量（额）比例返还的总额不得低于可分配盈余的60%，其余部分可以依法以分红的方式按成员在合作社财产中相应的比例分配给成员。

三、我国合作社的演变历程

1. 新中国成立后我国合作化运动

1949—1978年，我国农业生产合作经历了曲折的发展道路，有成功的经验，也有惨痛的教训，以致现今仍有人还谈“合”色变。

20世纪50年代初期，我国农业生产合作的实践基本上是成功的。这一时期，为克服农民生产生活中的困难，国家引导农民开展多种形式的互助合作，包括临时互助组、常年互助组、初级农业生产合作社。这一时期农业生产互助合作运动开展得有声有色，而且是积极稳妥的，农业生产也实现了快速发展。

20世纪50年代中期开始，在推行农业生产合作化和农村人民公社化运动中，有较多的失误，教训十分惨痛。1955年夏季开始，农业生产合作化运动开始快速推进，到1956年年底在全国建立起较单一的高级社。1958年的农村人民公社化运动，发生了更加严重的失误。在短短的3个月内，全国农业生产合作社全部改造成“一大二公”和政社合一的人民公社。1962年对农村人民公社实行“三级所有、队为基础”的体制，将以大队（有的甚至是公社）为基本核算单位，改为以生产队为基本核算单位。这一体制一直延续到1978年。

1955年夏季的农业生产合作化运动和1958年的农村人民公社运动的教训，告诉我们：一是不要盲目追求“一大二公”，即规模大和公有化程度高；二是不能光有统的形式，还要有分的结合；三是不能搞政社合一，挫伤农民生产积极性，损害广大农民的利益。

回顾新中国成立初期农业生产合作化运动，目的是要牢记：遵循合作社原则，保证合作社的"民办民管民受益"根本属性至关重要。我们现在的农民专业合作社与20世纪50年代中期的高级社和78年之前的人民公社有本质的区别也正在于此。

2. 改革开放以后的萌芽阶段

1978年到20世纪80年代末的萌芽阶段，这个阶段的合作组织大多是专业技术协会、研究会，主要是解决技术引进和应用难题。其基本特点是技术性互助，即有着共同生产经营项目和发展方向的农户在当地一些"农村精英"的带动下，依靠自身的力量进行该类生产经营的科技引进、消化、吸收、传播、推广，并以专业技术能手为核心帮助会员农户学习技术、交流经验和信息。这一时期，政府不断出台的一系列具有积极作用的政策文件，极大地促进了农民合作经济组织的发展壮大，进一步提高了农民组织化程度，在客观上稳定、巩固并完善了农村家庭承包经营的基本制度。

3. 20世纪90年代的起步阶段

20世纪90年代初，出现了许多新的可喜变化。一是组织名称的变化。由专业技术协会、研究会等逐步改称为专业协会、专业合作社等。二是服务内容不断丰富和拓展。由原先的以技术合作为主，逐步转向共同购买生产资料、销售农产品乃至资金、生产设施等生产要素的合作。三是合作形式多样化。在形式上，从松散型、契约型再到实体型发展。同时，组织形式也相对紧密，形成了一些具有较多资金组合互助合作的组织形态。四是合作范围逐步扩大。合作组织的活动范围也突破了地域的限制，逐步跨越社区界限，出现了一些跨乡、跨县经营的农民专业合作经济组织。

4. 新世纪以来的加快发展阶段

进入21世纪以来，我国农民专业合作社进入快速发展轨道，成效更加明显。一是整体实力取得显著提高。合作社数量呈跨越式发展，入社农户日益增加，运行机制逐步完善，产业结构不断优化，社员得到的实惠逐步增多。截至2011年9月底，全国农民专业合作社达48.43万家，实有入社农户3 870万户，约占全国农户总数的15.5%。合作社产业分布涉及种植、养殖、农机、林业、植保、技术信息、手工纺织、乡村旅游等农村各个产业，服务内容从生产领域逐步向生产、流通、加工一体化经营发展。二是法律法规体系逐步建立。《中华人民共和国农民专业合作社法》于2006年10月31日经第十届全国人民代表大会常务委员会第二十四次会议通过，并于2007年7月1日起实施。此外，国务院颁布了《农民专业合作社登记管理条例》，农业部及时颁布了《农民专业合作社示范章程》，财政部颁布了《农民专业合作社财务会计制度（试行）》等，规范合作社健康发展的法律法规体系初步建立。在法律法规的促进下，农民专业合作社发展明显提速，从组织内部看，运行机制日益完善，民主管理制度不断健全，服务内容和形式不断创新和完善，农民成员的合法权益得到有效保障。从外部作用看，在促进现代农业发展、推动农业产业化经营和健全农业社会化服务体系等方面的作用日益突出，社会影响力不断扩大。三是政策支撑体系逐步完善。中央历来对农民专业合作社发展高度重视，在2004年至2011年以来的7个中央1号文件中，将扶持农民专业合作社的政策措施作为内容加以明确。同时，国家有关部门和各级地方政府还出台了专门文件，明确了产业、财政、税收、金融、信贷、用地、用电、运输、人才等方面支持政策，极大地促进了农民专业合作社的快速发展，为合作社提供了强劲的政策驱动力。四是示范社建设深入推进。按照2009年和2010年中央1号文件的要求，农业部等11部门印发了《关于开展农民专业合作社示范社建设性的意见》，农业部制定了《农民专业合作社示范社创建标准（试行）》，有力地推动了合作社的示范社建设行动。通过部、省、市、县四级的努力，一批经营规模大、服务能力强、产品质量优、民主管理好的农民专业合作社被纳入示范社建设行动中，率先成为引领农民参与国内外市场竞争的现代农业经营组织。到2011年止，农业部会同有关部门首批公布了各地培育的6 663家农民专业合作社示范社。从地区分布看，东、中、西部地区示范社分别占总数的50.5%、31.1%和18.5%。从产业分布看，种植业占57.2%，畜牧业占24.3%，渔业、林业及其他产业示范社占18.5%。被纳入示范社建设行动的合作社积极性很高，主动抢抓机遇，加快发展，使社容社貌呈现新变化、成员生活实现新提高，充分展示了示范和带动作用。

四、合作社与相关组织的区别

鉴于我国合作社发展的曲折历程，加之当下一些“四不像合作社”的混淆，导致一些同志会把农民专业合作社与农村专业技术协会、行业协会、公司等相关组织相等同，造成认识上不认可、工作上不支持、政策上不照顾，严重阻碍着合作社健康快速发展。为此，有必要将农民专业合作社与其他市场经济主体联系和区别厘清，便于更好地指导合作社的规范建设和健康发展，并把农民专业合作社办成具有较强凝聚力和发展能力的经济组织。

1. 与公司的区别

尽管合作社与公司都是经济组织，在市场上，都追求利润最大化；但是它们之间有着本质的不同，是性质不同的两种经济组织。

（1）产生的直接动因不同

公司的出现，本质上是商业资本最大限度地追逐利润、追求财富增长而实施资本扩张的一种进攻行为；而合作社则是经济弱势群体为了避免大资本、中间商的盘剥、维护自身生存地位的一种自卫行为。

（2）成员制度不同

虽然股东加入公司、成员加入合作社都是一种自愿的行为，但是合作社的所有者与使用者具有同一性，即成员加入合作社是为了利用组织提供的服务，而公司制度下的所有者和使用者是分离的，股东并不需要利用公司的服务。

（3）组织目标不同

与成员制度相联系，公司的目的是为股东的资本增值服务，最大限度地追逐利润，以实现投资回报率最大化；合作社的目的则是为成员服务，最大程度地满足成员的需求，帮助成员实现生产经营的利润最大化。

（4）决策原则不同

合作社和公司的决策原则有着本质的不同。合作社是实行经济民主制的组织，成员对合作社的权利来自于他（她）的成员资格，是成员权利，因此合作社的每个成员享有平等的表决权，即实行一人一票制；而股东对公司的权利来自于其对公司的资本投资，它是财产权利，因而公司实行一股一票制，拥有股份多的股东决策的话语权就大。简单地讲，公司“认钱不认人”，而合作社是“认人不认钱”。

（5）分配制度不同

公司实行按股分红的分配制度，红利水平取决于企业的盈利水平。而合作社以服务为宗旨，合作社的分配制度是基于成员对合作社的使用或利用。合作社经营的可分配盈余主要是按照惠顾返还原则分配，即按照成员与合作社业务交易量（额）的多少比例返还给成员。

2. 与农村（民）专业技术协会的区别

（1）组织性质方面

农民专业合作社是从事营利性经营活动的经济组织；而农村（民）专业技术协会是一种社团组织，不得开展营利性的经营活动。

（2）组织功能方面

农村（民）专业技术协会主要为会员提供技术交流、技术服务等服务活动；

而农民专业合作社除此之外，还为成员开展生产资料购买、农产品销售、加工、储运等实体性的经营活动。

（3）组织的资金来源方面

农村（民）专业技术协会的资金主要源于成员每年缴纳的会费；而农民专业合作社则来自于成员入社时缴纳的出资及经营所得的利润，它不需要每年收取成员费用，通常是成员一次性缴纳。

3. 农民专业合作社与农产品行业协会的区别

（1）组织目的不同

尽管两者都是为了增进成员的共同利益，降低成员的交易成本，但是农产品行业协会的主要目的是协调行业内会员间的生产经营行为，防止因个别会员的败德行为而导致的恶性竞争，维护行业内的竞争秩序，实现行业自律；而合作社是通过成员间的联合行动，实现规模经济、提升成员的竞争力。

（2）组织的性质不同

尽管两者都是自愿的、自治的组织，但农产品行业协会是自律性的社团组织，不得开展以营利为目的的经营活动；而农民专业合作社是互助性的经济组织，是经营实体。

（3）成员构成不同

尽管两者都是由利益相关者组成的组织，但农产品行业协会的成员构成性质多元化，并具有行业的代表性，如蔬菜行业协会，成员可以包括蔬菜生产户、经纪人、营销大户、蔬菜加工企业、蔬菜农技推广站、蔬菜批发市场等；而合作社的成员是由经济弱势群体组成，成员相对单一，如蔬菜专业合作社，成员主体是菜农。

（4）组织功能不同

尽管两者都为成员提供技术指导与推广、信息咨询、产品推介等各种服务，但是农产品行业协会对外代表会员，开展行业维权，并且对内开展行业自律；而合作社对内服务成员，对外代表成员直接开展经营活动。

五、合作社的主要类型

按照不同的标准，可以对农民专业合作社进行不同的分类。

1. 按照业务功能划分

农民专业合作社可以分为以为成员提供生产资料投入品为主的供给专业合作社；以经销成员生产的农副产品为主的营销专业合作社；以为成员提供机械、生产设施、仓储等共同利用、技术培训、市场信息等为主的农业服务专业合作社；

为成员提供资金、生产生活信贷服务的资金互助合作社；以及共同开展农业生产或农产品初加工的土地合作社或生产合作社等。

2. 按照业务范围划分

农民专业合作社可以分为提供某项服务（如农业生产资料购买、农产品销售、农产品加工、农产品运输、农产品贮藏、农业技术信息、资金互助）的单一型专业合作社和提供多项服务的综合型的专业合作社（如一个合作社内部同时开展投入品购买、农产品销售及资金融通）。

3. 按照产业划分

农民专业合作社分为种植业专业合作社、畜牧业专业合作社、渔业专业合作社、农机服务业专业合作社、传统手工加工业专业合作社、乡村旅游业专业合作社等。

4. 按照成员合作方式划分

农民专业合作社可以分为成员以入股形式联合起来的股份式专业合作社和成员以入社费形式联合起来的非股份式合作社两种类型。

5. 按照组建方式划分

农民专业合作社可以分为农民自办型和外部涉农企业、社团组织、社区组织带动型。

6. 按照发起者身份划分

农民专业合作社可以分为农村能人（包括生产经营大户、专业户、经纪人、村干部等）领办型、（龙头）企业领办型、农技推广部门领办型、基层供销社领办型以及其他组织、人员领办型等。

六、国外合作社介绍

1. 法国

（1）概况

法国的合作社起源于19世纪上半叶。目前，法国有农业合作社6 500余个，入社社员130万人，90%的农民加入了农业合作社。法国农业合作社有雇员12万人，年营业额1 650亿欧元，占相关行业的全国市场份额分别是：粮油收购75%、餐用葡萄酒收购60%、鲜奶收购47%、羊奶奶酪生产61%、牛肉生产38%、猪肉生产89%、羊肉生产49%、谷物出口45%、鲜果出口80%、家禽出口40%等。农业合作社成为广大农户与全球化大市场联系的桥梁。

法国合作社联盟是合作社的最高组织机构，成员主体是14个行业合作社联合会，22个大区的区域性合作社联盟和少量大型的专业合作社。全国的合作社联盟和区域合作社联盟的主要任务是组织协调和为成员社服务，作为协会性组织，与政府、议会对话，开展对外联络和交流，保护合作社的利益。联盟的经费主要是成员社上交的会费，同时通过提供专业的法律等事务性服务收取少量服务费。

（2）主要特点

①坚持合作社原则，真正做到了民主办社　法国农业合作社坚持的原则主要有4项：一是自由加入，但必须承认合作社的章程，维护共同利益，缴纳一定数量的股金；二是非资本获利原则，社员不是按股金数量获利，而是按交易额多少分红；三是民主管理，一人一票，民主平等；四是排他性，合作社只和社员进行交易，每个社员只与合作社交易，如果合作社经营困难或确有必要，可以与非社员交易，但不能超过合作社经营额的20%，否则就会被吊销营业执照，享受不到政府的政策优惠。

②专业化合作，产业化经营　法国除少量农资供应合作社外，农业合作社主要是单品种农产品的专业合作社，以流通领域合作为主要内容，为社员提供产前、产中、产后的系列化服务，组合成生产、加工、销售一体化的产业链。法国农业很发达，已实现了农业产业化。在产业化组织中，合作社是其最基本的组织形式，是主要的组织者和推动者。合作社采用"合作社连农户"或"合作社企业连农户"等形式进行贸工农一体化、产供销一条龙经营。通过产业化经营，把分散的农业生产与集中供应、加工和销售有机地结合起来。

③发展信贷、保险金融业务，提高综合服务能力　这在法国合作社表现更为突出。法国的相互信贷合作社和法国农业互助与农业合作社联合社的农业信贷业务几乎占了全法整个农业信贷业务的100%。社会保险和商业保险也很发达，每年给70万农民提供农业保险，还给社会其他组织提供社会保险和商业保险。合作社的金融服务成为为农服务的重要内容，并以此为依托，开展综合服务，包括农产品生产、加工、销售等。

④运作灵活，规模化经营　合作社对内坚持合作社原则，不以营利为目的，留足公共积累和发展基金后实行盈余返还原则，对外则实行公司化经营。一是要谋求利润最大化，把社员的产品卖出去，又要卖个好价钱。二是要适应市场竞争的需要，在传统专业化合作基础上引入灵活的资本联合形式，与私人资本联合，采用股份制的管理，兴办企业，拓展经营领域。三是通过联合和合并，进行规模化整合，扩大经营规模，提高市场竞争力。法国合作社由小到大，打破地域限制，跨区域整合的趋势不断加剧。近几年，整个法国合作社数量减少700多个，单个合作社的规模越来越大。如在奶制品合作社中，有6个合作社的生产量已占整个奶制品合作社联合会生产量的54%。

⑤经营管理上集权与分权紧密结合，权责明确，统分结合　主要体现在：一是所有权和经营权分开。合作社是真正的农民合作经济组织，所有权属农民社员，理事会和监事会主席、理事等都是农民。而经营管理上却雇请专家，由雇员和经理具体负责。二是中央集权与地方分权自治相结合。具体体现在人员、资金和技术管理上。技术管理自上而下进行。通过法国政府→财政部→银行委员会→银行→执委会层层授权进行。资金和人员的管理则是由下而上逐级管理。领导成员由基层社、二级社和联合总社层层选举产生。资金则由基层社向区域性联合社和联合总社层层上交盈利资金的一部分，统一控制和管理。在这些统一集中管理的同时，各级合作社都有充分自主权，除全国性的重大问题外，其他都由地方自主决定，充分调动地方的主动性和积极性。

⑥依法治社，依法兴社　一是法制化管理。法国早在1847年就颁布了合作社的有关法律，之后又作了修订完善，从1962年始，对农业合作社专门立法，明确规定了合作社建立的条件、合作社的地位、权利和义务等，保障合作社的权益和健康发展，依法治社、依法兴社。政府对合作社的干预主要通过法律手段进行。合作社也严格依照法律规定拓展自身业务，规范经营行为。二是建立合作社准入制度。在法国，一般企业仅需在当地商会申请即可予登记。而成立合作社，须首先向政府申报，阐明社员构成、业务范围和社区情况等，由政府经过调查核准后通知商会予以注册。同时，为规避合作社之间的恶性竞争，政府对合作社的布局进行控制。近年来对新申请设立合作社的，原则上要求归并到已成立的业务范围相同或相近的合作社，推进联合与合并，扩大合作社的规模。

⑦政府重视和扶持合作社发展　合作社的发展离不开政府的大力扶持，但政府很少直接干预合作社经营，只是运用经济手段和法律手段，进行间接调控。政府对合作社的发展主要体现在扶持和帮助上。法国有专门机构负责管理协调合作社的事务。法国的农业部劳动与社会事务部以及有关协会，都积极为合作社的建立创造条件，提供方便，包括经济补贴、技术指导、人员培训等。同时，政府有配套的扶持政策，包括财政贴息、税收优惠、农业投资、农业补贴、农民社会保障、农业保险等。对合作社来说，最重要的是税收和信贷优惠政策。例如，法国所有企业必须交纳盈利后36%的利润税和一定的工资税，而合作社免征。

2. 美国

(1) 概况

美国合作组织已有200多年的历史，目前拥有4万多个合作组织，每4个人中就有一个人享受合作组织提供的服务。合作组织所拥有的商业实体涉及保险、信用、健康护理、住房、电话、电力、交通、儿童看护以及服务设施等的服务项目。美国农业合作组织作为一种竞争力量，抗衡了美国其他产业对农业利益的侵害，加强了美国农业的计划性，缓和了供求矛盾，推动了生产发展，改变了农村的面貌。

（2）发展模式

美国农业合作社的发展模式基本属于市场推动模式。所谓市场推动模式，就是农民在共同的市场需求下，为了提高市场竞争力和组织化程度，获取合理的市场交易利益，自我联合起来组成自己的服务组织。这种合作社发展模式的特点是坚持“民办、民管和民受益”原则，政府不干预合作社内部管理，政府和合作社的关系在法律上是平等的，政府的作用在于通过法律法规为合作社提供一个宏观发展空间，使合作组织在市场机制的作用下不断得到成长和壮大。

目前有3种形式的农业合作组织：市场形成的合作组织（主要是生产商品粮、油菜籽、奶制品、果树、蔬菜等的以市场为导向的农民合作组织）、购买型合作组织（进行农场生产供应）、服务型合作组织。

（3）特征

根据美国农业部对合作社的定义，合作社都是用户所有、用户控制和用户受益的公司型企业。

①合作社是一种公司型企业　在美国，有3种企业类型：个体企业、合伙企业和公司。公司又分为普通股份公司和合作社两种类型。合作社的建立和运行要遵守公司法的规定。但是，对合作社，美国的反托拉斯法等法律又作了特殊的豁免规定，对合作社的税收也实行优惠政策。合作社在具体控制和运营上与普通股份公司有相同的地方，也有不同点。合作社是一人一票的选举方法，而且选举的理事必须是社员，普通股份公司则是按照股份的多少决定投票权，选举产生的企业经理多数都不是企业的投资者。合作社的投资者又是使用者，只有使用合作社业务的人才可以入股并成为社员，普通股份公司则是通过公开发售股票等筹集资金，投资者不一定是使用者。合作社利润分配是按照社员利用合作社的业务量进行，而普通股份公司是按照投资多少进行。合作社与社员交易获得的收益只有交纳一次税的义务，即交纳企业所得税或者社员获得的盈余返还额交纳个人所得税，普通股份公司则首先要交纳企业所得税，可分配利润用于分红时，投资者获得的红利又要交纳个人所得税。

②合作社是用户所有的企业，利用合作社的社员拥有合作社的财产　向合作社交纳一定的资金是社员的义务。合作社的资金来源主要有3个：一是入社股金。传统的合作社要求社员一次性交纳不低于一定数额的入社股金，现在有的合

作社要求社员交纳与其使用合作社服务的比例相对应的股金额。二是收益留成。即合作社每年的盈余要按照社员与合作社的交易额进行返还，这种返还还可以全部以现金的形式进行，也可以部分或全部用于转增社员股本。用于转增社员股本的部分就是收益留成。这是合作社积累资金的重要途径，也是合作社发展壮大的重要体现。三是资本预留。合作社从应该付给社员的销售收入中扣除一部分资金，作为社员对合作社的投资，扣除一般按照交易额的一定比例进行。

③合作社是用户控制的企业　社员通过民主控制的方式管理合作社的经营活动。控制权是通过社员代表大会或通过选举产生的理事会体现的。社员控制合作社的权利表现在：制定和修正合作社的章程；选举和罢免理事会成员；决定合作社解散、合并、或与其他合作社或非合作社企业合资建立新的企业等事项；监督合作社管理层、理事会成员和其他代理人员遵守合作社法律、章程以及合作社与社员订立的契约。

（4）合作社是用户收益的企业　首先，合作社主要与社员进行交易，社员可以优先获得合作社的服务。按照传统的合作社原则，合作社只与社员进行交易。但是，近年来，美国大部分州立法允许合作社与非成员进行交易，即与非成员的交易额可以超过总交易额的50%。其次，合作社对社员实行盈余返还。合作社通过有效的业务经营的产品增值所产生的收益，要按照社员与合作社的交易额进行盈余返还。最后，合作社一般不按照资本分红，即使分红，其利率也不得超过8%，有的州立法对分红利率还作了更加严格的规定，例如，规定不超过6%。不按资本分红保证了更多的利润用于按照社员与合作社的交易额返还社员。

第二节　对农民专业合作社的指导服务

以江西省为例，对合作社的指导服务，主要是根据《农民专业合作社法》和《江西省农民专业合作社条例》的规定，重点指导进行合作社设立与登记，帮助健全合作社组织机构，规范合作社财务管理，指导办理合作社合并、分立、解散与清算。

一、合作社的设立和登记

1. 合作社设立条件

（1）有5名以上符合本法规定的成员

具有民事行为能力的公民以及从事与农民专业合作社业务直接有关的生产经

营活动的企业、事业单位或者社会团体，能够利用农民专业合作社提供的服务，承认并遵守农民专业合作社章程，履行章程规定的入社手续的，可以成为农民专业合作社的成员。

（2）有符合法律法规规定的章程

农民专业合作社章程是农民专业合作社在法律法规和国家政策规定的框架内，由本社的全体社员根据本社的特点和发展目标制定的，并由全体成员共同遵守的行为准则，也是法律法规要求的必要条件和必经程序。根据《农民专业合作社法》第十一条和第十四条的规定，农民专业合作社的章程由全体设立人制定，所有加入该合作社的成员都必须承认并遵守。章程应当用书面形式，由全体设立人在章程上签名、盖章。农民专业合作社的章程也是农民专业合作社自治特征的重要体现，因此，对于农民专业合作社的重要事项，应当由全体成员协商后规定在章程中。

（3）有符合本法规定的组织机构

组织机构及其产生办法、职权、任期、议事规则，由章程决定。如果设立成员代表大会，成员代表的产生办法和任期、代表比例、代表大会的职权、会议的召集等也要由章程决定。

（4）有符合法律、行政法规规定的名称和章程确定的住所

任何农民专业合作社都必须有自己的名称，且只能有一个名称。名称要体现本社的经营内容和特点，应当符合《农民专业合作社法》及相关法律的规定。住所是农民合作社登记注册的事项之一，合作社变更住所必须办理登记，农民专业合作社的住所只能一个，而且要在登记机关管辖的区域内。住所的确定由农民专业合作社的全体成员通过章程自己确定。可以是专门场所也可以是某个成员的家庭住所。

（5）有符合章程规定的成员出资

成员具体的出资方式、出资额、出资期限，由章程决定。《农民专业合作社法》没有设置农民专业合作社的法定最低出资额，但是，当期农民专业合作社的出资总额，要记载在章程内。

2. 合作社设立程序

成立一个新的合作社，除了要具备相应的条件外，还要符合一定的程序要求。首先，发起筹备阶段；其次，召开设立大会；第三，向工商行政管理部门申请登记；第四，申请登记获批准后，取得法人资格，按照登记的经营业务范围内，从事生产经营活动。

（1）发起筹备阶段

包括确定发展目标和主营业务、筹集股金、起草章程等。确定发展目标和主营业务，要进行可行性分析，从实际出发，根据外部经济环境条件、成员需求和发展的可能等因素综合考虑，这是合作社以后发展的方向；主营业务不仅要写入章程中，同时也要由工商部门登记予以确认。章程制定，充分体现了合作社自治特征，由全体成员按照自身发展需求而共同制定出来的，涉及每个成员的权利和义务，并具有公示作用，接受社会和公众的监督。

（2）召开设立大会

按照《农民专业合作社法》规定，设立农民专业合作社应当召开由全体设立人参加的设立大会。设立大会由全体设立人组成。设立人是农民专业合作社设立时自愿成为该社成员的人。设立大会是农民专业合作社尚未成立时设立人的议事机构。如果没有依法召开由全体设立人参加的设立大会，农民专业合作社就不能正式成立。设立大会作为设立农民专业合作社的重要会议，其法定职权包括：第一，通过合作社章程，即应由全体设立人一致同意通过；第二，选举合作社机构负责人；第三，审议合作社需在设立大会上通过的重要事项。

（3）申请登记

当合作社的设立人准备好申请材料后，向工商行政管理部门提出设立申请，符合法定要求，就会受理登记。设立人申请设立登记时，应当向登记机关提交相关材料。需要说明的是，农民专业合作社向登记机关提交的出资清单，只要有出资成员签名、盖章即可，无需其他机构的验资证明。

3. 合作社登记时应递交的资料及登记机关的责任

设立农民专业合作社，应当向工商行政管理部门登记，工商行政管理部门登记时不得收取费用。农民专业合作社应当向工商行政管理部门提供以下材料：

（1）登记申请书；

（2）全体设立人签名、盖章的设立大会纪要；

（3）全体设立人签名、盖章的章程；

（4）法定代表人、理事的任职文件及身份证明；

（5）出资成员签名、盖章的出资清单；

（6）住所使用证明；

（7）法律、行政法规规定的其他文件。

登记机关应当自受理登记申请之日起20日内办理完毕，向符合登记条件的申请者颁发营业执照。这里的登记申请还包括变更登记和注销登记，登记机关在办理登记时不得收取费用。

4. 合作社的章程制定

章程说到底就是组成合作社的农民之间，为今后合作的重大原则问题达成的契约，需要成员间反复磋商、相互妥协才能真正形成。既然是契约，自然就有讨价还价的过程，对今后合作社运行中的决策机制、管理制度、利益分配、监督约束机制以及共同的道德行为等重大事项，各个成员都要充分表达自己的意见，在充分协商的基础上达成共同意见，即形成契约，经签字确认后，所有签字的成员就必须遵守，否则就要承担违约责任。因此，指导合作社在设立时制定一个好的章程非常重要，是保证今后合作社凝聚力的基础。实际工作中，一般由领头兴办合作社的人事先向有加入意向的农民发倡议书，申明成立合作社的目的、合作的事项和范围、合作社管理原则及利益分配原则、参加者的权利和义务等。然后，召集有明确意向参加合作社的农民讨论起草章程，在经过多次协商修改基本达到一致后，再召开设立大会表决通过，最后由承认者签字认可，成为全体设立者必须共同遵守的行为准则。

（1）章程的主要内容

根据《农民专业合作社法》第十二条规定，农民专业合作社章程应当载明下列事项：①名称和住所；②业务范围；③成员资格及入社、退社和除名；④成员的权利和义务；⑤组织机构及其产生办法、职权、任期、议事规则；⑥成员的出资方式、出资额；⑦财务管理和盈余分配、亏损处理；⑧章程修改程序；⑨解散事由和清算办法；⑩ 公告事项及发布方式；⑪需要规定的其他事项。

（2）业务范围

农民专业合作社的业务范围是指经登记机关依法登记的农民专业合作社所从事的行业、生产经营的商品或者服务项目。农民专业合作社的业务范围应当由农民专业合作社全体设立人在法律、行政法规允许的范围内确定，由农民专业合作社的章程规定并经登记机关依法登记。农民专业合作社的业务范围经登记机关依法登记后具有法律效力，它直接决定并反映农民专业合作社的权利能力和行为能力，农民专业合作社要严格遵守，不得擅自超越或者随意改变。

（3）法定代表人

农民专业合作社的法定代表人是指代表农民专业合作社行使职权的负责人。农民专业合作社理事长为农民专业合作社的法定代表人。

农民专业合作社理事长依法由农民专业合作社成员大会从本社成员中选举产生，依照《农民专业合作社法》和章程行使职权，对成员大会负责。农民专业合作社的成员为企业、事业单位或者社会团体的，企业、事业单位或者社会团体委派的代表经农民专业合作社成员大会依法选举，可以担任农民专业合作社理事长。需要特别指明的是，合作社法定代表人不一定是出资最多的人，而是由全体社员选举出来的有威望、能服众、懂管理、善经营者。

《农民专业合作社法》第三十条规定："农民专业合作社的理事长、理事、经理不得兼任业务性质相同的其他农民专业合作社的理事长、理事、监事、经理。"第三十一条规定："执行与农民专业合作社业务有关公务的人员，不得担任农民专业合作社的理事长、理事、监事、经理或者财务会计人员。"所以，农民专业合作社的法定代表人在《农民专业合作社设立登记申请书》中的《农民专业合作社法定代表人登记表》内，要作出书面承诺："本人符合《中华人民共和国农民专业合作社法》第三十条、第三十一条的规定，并对此承诺的真实性承担责任。"

二、合作社的组织机构

根据组织机构在农民专业合作社中所处的地位和作用，农民专业合作社的组织机构可以分为权力机构、执行机构和监督机构 3 种。权力机构是指农民专业合作社成员大会（成员代表大会），执行机构是指理事长或理事会，监督机构是指执行监事或监事会。

1. 组织机构的设置原则

农民专业合作社通过建立健全具有自身特点的组织机构来体现合作社的基本原则，保证合作社效率的实现和成员收益的不断提高。国内外合作社的实践都表明，组织机构的健全程度，与合作社的发展水平、成员收益提高的幅度都有关系。《农民专业合作社法》第四章对农民专业合作社的组织机构作了专门规定。根据该法规定，农民专业合作社通常可以有以下机构：成员大会（权力机关）、成员代表大会（代表机关）、理事长或者理事会（执行机关）、执行监事或者监事会（监督机关）、经理等。考虑到每个农民专业合作社的规模不同、经营内容不同，设立的组织机构也并不完全相同。农民专业合作社组织机构设置必须体现合作社治理的相关理念。

（1）目标一致性原则

这一原则要求组织机构设置必须有利于农民专业合作社目标的实现。任何一个合作社成立，都有其宗旨和目标，因而，合作社中的每一部分都应该与既定的宗旨和目标相关联。否则，就没有存在的意义。每一机构根据总目标制定本部门的分目标，而这些分目标又成为该机构向其下属机构进行细分的基础。这样目标被层层分解，机构层层建立，直至每一个人都了解自己在总目标的实现中应完成的任务。这样建立起来的组织机构才是一个有机整体，为总目标的实现提供了保证。

（2）制衡控制权原则

由于农民专业合作社经营控制权通常由理事代理行使，为了维护成员权利，必须制衡控制权。对控制权进行制衡，应当坚持激励与约束并重。因此制衡控制权原则可以分解为两项具体原则：其一，约束原则。对控制权的约束主要体现在成员大会或成员代表大会对理事、理事会的约束，如成员大会或成员代表大会对理事的任免、对理事会重大经营方案的批准等；监督机关（一般称之为监事会）对理事、理事会进行监督约束。其二，激励原则。激励机制是一种权、责、利相结合的制度，通过激励契约对拥有合作社实际经营控制权的经营者理事进行激励，促使经营者为成员提供更有效的服务。

（3）稳定性与适应性相结合原则

这一原则要求合作社组织机构既要有相对的稳定性，不能频繁变动，又要随外部环境及自身需要作相应调整。一般来讲，合作社有效活动的进行能维持一种相对稳定状态，合作社成员对各自的职责和任务越熟悉，工作效率就越高。组织机构的经常变动会打破合作社相对均衡的运动状态，接受和适应新的组织机构会影响工作效率，所以合作社组织机构应保持相对稳定。但是，任何合作社都是动态、开放的系统，不但自身是在不断运动变化，而且外界环境也是在发展变化的，当组织机构已无法适应外部的变化而变得僵化、低效率、甚至危及合作社的生存时，组织机构的调整和变革即不可避免，只有调整和变革，合作社才会重新充满活力，提高效率。

（4）维护成员权利原则

农民专业合作社是成员所有、成员民主控制的互助性组织，所以农民专业合作社组织机构设置应当维护成员作为合作社所有者的地位，确保成员充分行使成员权。具体说，维护成员权利原则包括：第一，成员行使最高决策权原则。成员大会是合作社的权力机构，成员通过成员大会行使最高决策管理权。合作社一切重大事项如章程的修改、理事的任免、合作社的合并与联合、合作社分配、重大经营方案批准等，都必须由其作出决议。第二，一人一票原则。成员在行使表决权时，不管出资多少，原则上实行一人一票表决制度，体现了成员享有完全平等的权利。第三，成员权利救济原则。当成员大会或代表大会、理事会的决议违反法律或章程，抑或理事、监事执行职务时违反法律或合作社章程，侵犯成员权利时，成员能够依法获得相应的救济途径。

2. 组织机构的运行情况

《农民专业合作社法》对某些机构的设置不是强制性规定，而是要由合作社自己根据需要决定。这里主要介绍合作社的三大组织机构——成员大会、理事会（理事长）、监事会（执行监事）。

（1）成员大会

合作社的成员大会是合作社的必设机构。成员大会由全体成员组成，是合作社的最高权力机构。成员大会有权选举和罢免理事、监事，理事、监事需要向成员大会报告工作及履职情况，成员大会有权修改合作社章程、决定合作社的重大经营方针等。

第一，成员大会的召开。成员大会是以会议的形式保障合作社成员有机会行使自己的权力。《农民专业合作社法》第二十四条规定成员大会至少每年应该召开一次。成员大会依其召开时间的不同，分为定期会议和临时会议两种：①定期会议。定期会议何时召开应当按照农民专业合作社章程的规定，如规定一年召开几次会议，具体什么时间召开等。②临时会议。农民专业合作社在生产经营过程中可能出现一些特殊情况，需要由成员大会审议决定某些重大事项，而未到章程规定召开定期成员大会的时间，则可以召开临时成员大会。《农民专业合作社法》第二十四条规定，符合下列三种情形之一的，应当在20日内召开临时成员大会：一是30%以上的成员提议。30%以上的成员在合作社中已占有相当大的比重，当他们认为必要时可以要求合作社召开临时成员大会，审议、决定他们关注的事项。二是执行监事或者监事会提议。执行监事或者监事会是由合作社成员选举产生的监督机构。当其发现理事长、理事会或其他管理人员不履行职权，或者有违反法律、章程等行为，或者因决策失误，严重影响合作社生产经营等情形，应当履行监督职责，认为需要及时召开成员大会作出相关决定时，应当提议召开临时成员大会。三是章程规定的其他情形。除上述两种情形外，章程还可以规定需要召开临时成员大会的其他情形。

第二，成员大会的职权范围。我国《农民专业合作社法》第二十二条规定：农民专业合作社成员大会由全体成员组成，是本社的权力机构，行使下列职权：

①修改章程　合作社章程的修改，需要由本社成员表决权总数的2/3以上成员通过。

②选举和罢免理事长、理事、执行监事或者监事会成员　理事会（理事长）、监事会（执行监事）分别是合作社的执行机关和监督机关，其任免权应当由成员大会行使。

③决定重大财产处置、对外投资、对外担保和生产经营活动中的其他重大事项 上述重大事项是否可行、是否符合合作社和大多数成员的利益，应由成员大会作出决定。

④批准年度业务报告、盈余分配方案、亏损处理方案 年度业务报告是对合作社年度生产经营情况进行的总结，对年度业务报告的审批结果体现了对理事会（理事长）、监事会（执行监事）一年工作的评价。盈余分配和亏损处理方案关系到所有成员获得的收益和承担的责任，成员大会有权对其进行审批。经过审批，成员大会认为方案符合要求的则可予以批准，反之则不予批准。不予批准的，可以责成理事长或者理事会重新拟定有关方案。

⑤对合并、分立、解散、清算做出决议 合作社的合并、分立、解散关系合作社的存续状态，与每个成员的切身利益相关。因此，这些决议至少应当由本社成员表决权总数的2/3以上通过。

⑥决定聘用经营管理人员和专业技术人员的数量、资格和任期 农民专业合作社是由全体成员共同管理的组织，成员大会有权决定合作社聘用管理人员和技术人员的相关事项。

⑦听取理事长或者理事会关于成员变动情况的报告 成员变动情况关系到合作社的规模、资产和成员获得收益和分担亏损等诸多因素，成员大会有必要及时了解成员增加或者减少的变动情况。

⑧章程规定的其他职权 除上述7项职权，章程对成员大会的职权还可以结合本社的实际情况作其他规定。

第三，成员代表大会。当合作社成员人数超过一定的数量，不易召集成员大会时，通常根据地域便利，分组举行会议，并依各组成员人数推选代表，出席成员代表大会。《农民专业合作社法》规定“农民专业合作社成员超过一百五十人的，可以按照章程规定设立成员代表大会”。对于成员人数众多的合作社，实行成员代表大会制度相对于成员大会而言，其最大的优点是易于召集。但是，由于非全体成员出席，成员代表大会也许不能真正反映全体成员的意见，也易于被少数人操纵，因此，成员代表的选任必须合理。成员代表的选任应当由合作社章程予以明确规定，主要包括以下几条：“第一，明确成员代表人数、任期及选举方法；第二，成员代表应当具备成员资格，非成员不能当选代表；第三，分组举行成员大会分会，并依各组成员人数，推选代表；第四，成员代表的产生应当顾及成员的地区、业务种类；第五，选举成员代表时，实行一人一票制。”由于成员代表大会设置的主要目的是便于召集，提高会议效率，是成员大会的一种变通方式，因此，绝不能替代成员大会。但成员代表由成员选举出来，代表了成员的意见，因此，可以部分行使成员大会的职权。《农民专业合作社法》也规定“成员代表大会按照章程规定可以行使成员大会的部分或者全部职权”。

（2）理事会

合作社管理机制的核心是实行民主管理，理事会作为合作社的最高决策机构自然承担着重要的作用。合作社理事会由章程载明的确定数量的理事组成，是合作社的业务执行机构，同时也是合作社的常设机构之一。对于合作社是否一定要设立理事会，《农民专业合作社法》并未作强制性规定，一般由合作社章程规定。如果合作社规模较小，成员人数很少，没有必要设立理事会的，由一个成员信任的人作为理事长来负责合作社的经营管理工作就可以了，这样有利于精简机构，提高效率。

①理事会（理事长）的产生　理事会（理事长）是成员（代表）大会的执行机构，由成员（代表）大会从本社成员中选举产生，依照《农民专业合作社法》和本社章程的规定行使职权，对成员（代表）大会负责。选举理事会的成员大会，出席人数不得少于成员总数的2/3，选举出的理事长、理事会成员得票数应当超过本社成员表决权总数的半数，如果章程对表决权数有较高规定的，从其规定。理事长、理事的资格条件等，由合作社章程规定。但是，农民专业合作社的理事长、理事不得兼任业务性质相同的其他农民专业合作社的理事长、理事、监事。另外，《农民专业合作社法》明确规定，不管合作社的规模大小、成员多少，也不管合作社有无理事会，都要设理事长，理事长为本社的法定代表人。

②理事会（理事长）的职权范围　农民专业合作社理事会行使的职权通常有：组织召开成员大会并报告工作，执行成员大会决议；制订本社发展规划、年度业务经营计划、内部管理规章制度等，提交成员大会审议；制订年度财务预决算、盈余分配和亏损弥补等方案，提交成员大会审议；组织开展成员培训和各种协作活动；管理本社的资产和财务，保障本社的财产安全；接受、答复、处理执行监事或者监事会提出的有关质询和建议；决定成员入社、退社、继承、除名、奖励、处分等事项；决定聘任或者解聘本社经理、财务会计人员和其他专业技术人员；履行成员大会授予的其他职权。

农民专业合作社的具体生产经营活动由理事会聘请的经理或理事会负责。合作社可以聘任经理，也可以不聘任经理；经理可以由本社成员担任，也可以从外面聘请。是否需要聘任经理，由合作社根据自身的经营规模和具体情况而定。《农民专业合作社法》第二十八条规定，农民专业合作社的理事长或者理事会可以按照成员大会的决定聘任经理。经理应当按照章程规定和理事长或者理事会授权，负责农民专业合作社的具体生产经营活动。因此，经理是合作社的雇员，在理事会（理事长）的领导下工作，对理事会（理事长）负责。经理由理事会（理事长）决定聘任，也由其决定解聘。农民专业合作社的理事长或者理事可以兼任经理。理事长或者理事兼任经理的，也应当按照章程规定和理事长或者理事会授权履行经理的职责，负责农民专业合作社的具体生产经营活动。如果农民专业合作社不聘请经理，则由理事长或者理事会直接管理农民专业合作社的具体生产经营活动。

（3）监事会

①监事会（执行监事）的产生　监事会（执行监事）是农民专业合作社的监督机构，对合作社的业务执行情况和财务进行监督。监事会是指由多人组成的团体担任的监督机构。执行监事是指仅由一人组成的监督机构。依照《农民专业合作社法》第二十六条的规定，农民专业合作社可以设执行监事或者监事会。可见，监事会（执行监事）不是农民专业合作社的必设机构。当农民专业合作社成员人数较多时，可以专门设立监事会。由于监事会开展工作主要通过召开会议的方式来进行，故监事会会议表决实行“一人一票”制。因此，监事会由3人以上的单数组成，设主席一人，监事若干名，通过成员（代表）大会从本组织中选举产生。从我国各地的实践来看，大多数合作社的监事会除主席、副主席由本组织选举产生外，其他监事可以聘请合作社指导服务机关或农业领域的专家、学者担任，也有聘请当地的政府官员、村委会领导担任的。如果不专门设立监事会的农民专业合作社，则可由成员（代表）大会在本组织成员中选举产生执行监事1人，兼职监事若干名。

选举产生监事会（执行监事）的成员（代表）大会应当有本社成员表决权总数过半数通过，如果章程对表决权数有较高规定的，从其规定。监事会（执行监事）成员的资格条件等，由合作社章程规定。为保证监察职能的发挥，理事不得兼任监事，曾任理事之成员，在其理事责任解除前不得当选为监事。

②监事会（执行监事）的职权范围　监事会（执行监事）对成员（代表）大会负责，其具体的职权和工作规则由合作社的章程明确规定。监事会（执行监事）通常具有下列职权：监督检查成员（代表）大会的执行情况；监督检查本组织开展业务经营活动的实绩；监督检查维护本组织成员合法权益的情况；监督检查本组织积累资产保值增值的情况；监督检查成员（代表）大会的决定聘任经营管理人员；听取经营管理人员的工作汇报；行使章程规定的其他职权。

农民专业合作社章程要具体明确监事会（执行监事）的工作规则，其主要内容包括：监事会（执行监事）的全体会议应当定期召开，由主席或执行监事召集和主持；在本组织成员（代表）大会闭会期间，监事会主席或执行监事有权列席理事会的全体会议；由监事会主席或执行监事向成员（代表）大会报告本会的工作；监事会成员平等地享有一票表决权，并且要遵守执行工作规则，注重加强沟通，切实相互配合，共同努力完成各项任务；必须将所议事项作出的决定记录在会议记录上，并交由出席的监事会各位成员签名。

三、合作社财务管理规范化

2007年年底，《农民专业合作社财务会计制度（试行）》由财政部颁发，2008年1月1日起正式施行。该制度对农民专业合作社的财务会计工作进行了规范。

1. 合作社实行独立的财务制度

由于农民专业合作社财务活动的独特性，法律规定其实行不同于一般企业或事业单位、社会团体的财务制度，具体的财务制度由财政部专门制定。

2. 合作社财务管理的一般要求

合作社财务管理的一般要求是：有健全的财务管理和核算制度、有明确且相互制衡的财务机构或岗位设置、有专业且敬业的财务会计人员、有完整规范且高效率的会计核算、有全面且定期的财务公开制度、有有效且到位的财务监督机制，这不仅是保障合作社成员权利的必备条件，也是成员正确行使民主和监督权的基础和前提。

3. 合作社成员和非成员交易须分开核算

将合作社与成员和非成员的交易分别核算，一方面是由合作社的互助性经济组织的属性所决定的。以成员为主要服务对象，是合作社区别于其他经济组织的根本特征。如果一个合作社主要为非成员服务，它就与一般的公司制企业没有什么区别了，合作社也就失去了作为一种独立经济组织形式存在的必要。比如一个水果合作社，它成立的主要目的是销售成员生产的水果，而一个水果销售公司成立的目的则是通过销售水果赚钱，为了赚钱公司可以销售任何人的水果。在经营过程中，成员享受合作社服务的表现形式就是与合作社进行交易，这种交易可以是通过合作社共同购买生产资料、销售农产品，也可以是使用合作社的农业机械，享受合作社的技术、信息等方面的服务。因此，将合作社与成员的交易，同与非成员的交易分开核算，就可以使成员及有关部门清晰地了解合作社为成员提供服务的情况。只有确保合作社履行主要为成员服务的宗旨，才能充分发挥其作为弱者的互助性经济组织的作用。将合作社与成员和非成员的交易分别核算，也是向成员返还盈余的需要。《农民专业合作社法》第三十七条规定，合作社的可分配盈余应当按成员与本社的交易量（额）比例返还，返还总额不得低于可分配盈余的60%。返还的依据是成员与合作社的交易量（额）比例，在确定比例时，首先要确定所有成员与合作社交易量（额）的总数，以及每个成员与合作社的交易量（额），然后才能计算出每个成员所占的比例。因此，只有将合作社与成员和非成员的交易分别核算，才能为按交易量（额）向成员返还盈余提供依据。另一方面，现行税法规定，合作社享受税收优惠政策的前提是与成员的交易，与非成员的交易则不能享受相关税收优惠，须与其他市场主体一样照章纳税。因而，合作社只有将与成员和非成员的交易划分清楚，税务机关才能依法将其应该享受的减免税政策落实到位，否则，合作社就无法享受税收优惠政策。

4. 合作社成员账户的核算

为便于将合作社与成员和非成员的交易分别核算，《农民专业合作社法》规定了成员账户这种核算方式。成员账户专门用于记录农民专业合作社成员与合作社交易及成员在合作社中权益情况，以确定其在合作社财产中所拥有份额。合作社为每个成员设立单独的账户，分别进行核算，就可以清晰地反映出其与成员的交易情况。与非成员的交易则通过另外的账户进行核算。

根据《农民专业合作社法》第三十六条的规定，成员账户主要包括3项内容：一是记录该成员的出资额。包括入社时的原始出资额，也包括公积金转化的出资。成员退社时，应将出资额退还给成员。二是量化为该成员的公积金份额。第三十五条第二款规定："每年提取的公积金按照章程规定量化为每个成员的份额。"每个成员量化所得的公积金就记载在成员账户内，但成员退社时可以带走。公积金进行量化的标准，法律并没有明确规定，而是由章程规定。三是记录成员与合作社交易量（额）。交易量（额）的大小，体现了成员对农民专业合作社贡献的大小。将交易量（额）作为成员账户的一项重要指标，使其成为盈余返还的一项重要标准。

通过设立成员账户，除能清晰区分合作社与成员和非成员的交易外，还有如下优点：①通过成员账户，可以分别核算其与合作社的交易量，为成员参与盈余分配提供依据。②通过成员账户，可以分别核算其出资额和公积金变化情况，为成员承担责任提供依据。③通过成员账户，可以为附加表决权的确定提供依据。④通过成员账户，可以为处理成员退社时的财务问题提供依据。⑤通过成员账户，还可以方便成员与合作社之间的其他经济往来。

5. 可分配盈余的处理

为区别一般公司利润，《农民专业合作社法》将合作社经营所产生的剩余，称之为盈余。可分配盈余是在弥补亏损、提取公积金后，可供当年分配的那部分盈余，根据《农民专业合作社法》第三十七条规定，按交易量（额）比例返还的盈余不得低于可分配盈余的60%。比如农产品销售合作社，如果成员都不通过合作社销售农产品，合作社就收购不到农产品，也就无法运转。因此，成员享受合作社服务的量（即与合作社的交易量）就是衡量成员对合作社贡献的最重要依据。成员与合作社的交易量也就是产生合作社盈余的最重要来源。

按交易量（额）的比例返还是盈余分配的主要方式，但不是唯一方式。《农民专业合作社法》对此的规定相对灵活。第三十七条第二款规定，合作社可以根据自身情况，按照成员账户中记载的出资和公积金份额，以及本社接受国家财政直接补助和他人捐赠形成的财产平均量化到成员的份额，按比例分配部分盈余。因此，成员账户中记载的公积金份额以及本社接受国家财政直接补助和他人捐赠形成的财产平均量化到成员的份额，也都应当作为盈余分配时考虑的依据。因为，补助和捐赠的财产是以合作社为对象的，而由此产生的财产则应当归全体成员所有。

6. 公积金的提取和量化

（1）公积金的提取

公积金又称储备金，是农民专业合作社为了巩固自身的财产基础，提高本组织的对外信用和预防意外亏损，依照法律和章程的规定，从盈余中积存的资金。根据《农民专业合作社法》第三十五条的规定，农民专业合作社可以按照章程规定或者成员大会决议从当年盈余中提取公积金。公积金用于弥补亏损、扩大生产经营或者转为成员出资。

但《农民专业合作社法》的规定并非强制性，合作社是否提取公积金，按什么比例提取，最终还是由合作社章程或者成员大会决定。因为，不同种类的合作社对资金需求不同，不同种类的合作社盈余状况也不一样，因此不能强求每个合作社都提取公积金，而是要根据合作社自身对资金的需要和盈余状况，由章程或者成员大会自主决定。

公积金从合作社的当年盈余中提取，比例和最高限额由章程或者合作社成员大会决定。《农民专业合作社法》所提到的公积金是盈余公积金。第三十五条明确指出“从当年盈余中提取公积金”，不属于资本公积金。只有当年合作社有了盈余，即合作社的收入在扣除各种费用后还有剩余时，才可以提取公积金，如果当年没有盈余，那么就不提取。

（2）公积金的量化

合作社提取公积金后，应按照章程规定量化为每个成员的份额，这是合作社在财务核算中的一个重要特点。公积金的产生，来源于成员对合作社的利用，本质上是属于合作社的成员所有。为了明晰合作社与成员的财产关系，保护成员的合法权益，《农民专业合作社法》规定公积金必须量化为每个成员的份额。为了鼓励成员更多地利用合作社，在一般情况下，公积金的量化标准应当依据该成员与合作社的交易量（额）来确定。当然，合作社也可以根据自身情况，根据其他标准进行公积金的量化，一种是以成员出资为标准进行量化，另一种是把成员出资和交易量（额）结合起来考虑，两者各占一定的比例来进行量化，还可以单纯以成员平均的办法量化。例如赵、钱、孙、李、王 5 人分别出资 2 万元组建农民专业合作社，组建时 5 人对合作社财产的占有比例都是 20%。假定当年合作社实现盈余 1 万元，各位成员与合作社的交易量占比分别为 40%、30%、20%、5% 和 5%。如果当年从中提取 1 000元的公积金，显然，与合作社交易量大的赵某作出的贡献最大，在提取的公积金份额中也应占 40% 才合理。但如果事前在章程中就约定了按出资额分配公积金，那么，5 位成员在提取的公积金中各占 20% 也是可以的，毕竟，对合作社的出资也是对合作社经营能力的贡献，只不过没那么直接而已。由于成员与合作社的交易量、出资比例每年都会发生变化，每年的盈余分配比例随之也会有所变化，因此，应当每年都对公积金进行量化。需要特别注意的是，每年公积金的量化情况应当记载在成员账户中。

四、合作社的合并、分立、解散和清算

1. 合并、分立的财产处置

农民专业合作社合并，是指两个或者两个以上的农民专业合作社通过订立合并协议，合并为一个农民专业合作社的法律行为；农民专业合作社的分立是指一个农民专业合作社分成两个或两个以上的农民专业合作社的法律行为。合作社合并后，至少有一个合作社丧失法人资格，而且存续或者新设的合作社也与以前的合作社不同，对于合作社合并前的债权债务，必须要有人继承。因此，合作社合并的法律后果之一就是债权债务的承继，即合并后存续的合作社或新设立的合作社，必须无条件地接受因合并而消灭的合作社的对外债权和债务。农民专业合作社合并，应当自合并决议作出之日起十日内通知债权人。合并各方的债权、债务应当由合并后存续或者新设的组织承继。

《农民专业合作社法》第四十条规定，农民专业合作社分立，其财产作相应的分割，并应当自分立决议作出之日起10日内通知债权人。分立前的债务由分立后的组织承担连带责任。但是，在分立前与债权人就债务清偿达成的书面协议另有约定的除外。农民专业合作社的分立一般会影响债权人利益，根据法律规定，合作社分立前债务的承担有以下两种方式：①按约定处理。债权人与分立的合作社就债权问题达成书面协议的，按协议办理。②承担连带责任。合作社分立前未与债权人就清偿债务问题达成书面协议的，分立后的合作社承担连带责任。债权人可以向分立后的任何一方请求自己的债权，要求履行债务。被请求的一方不得以各种非法定的理由拒绝偿还义务。否则，债权人有权按照法定程序向人民法院起诉。

2. 解散的条件

所谓农民专业合作社解散是指合作社因发生法律规定的解散事由而停止业务活动，最终使法人资格消灭的法律行为。根据《农民专业合作社法》第四十一条的规定，合作社有下列情形之一的，应当解散：

（1）章程规定的解散事由出现

解散事由是合作社章程的必要记载事项，在制定章程时可以预先约定合作社的各种解散事由，如果在合作社经营期间，规定的解散事由出现，成员大会或者成员代表大会可以决议解散合作社，如果此时不想解散，可以通过修改章程的方法，使合作社继续存续，但这种情况应当办理变更登记。

（2）成员大会决议解散

成员大会是合作社的权力机构，根据《农民专业合作社法》的规定，它有权对合作社的解散事项作出决议。同时，法律规定，农民专业合作社召开成员大会，作出解散的决议应当由有本社成员表决权过半数的票数通过，章程对本社成员表决权数有较高规定的，从其规定。成员大会决议解散合作社，不受合作社章程规定的解散事由的约束，可以在合作社章程规定的解散事由出现前，根据成员的意愿决议解散合作社。

（3）因合并或者分立需要解散

当合作社吸收合并时，吸收方存续，被吸收方解散；当合作社新设合并时，合并各方均解散。当合作社分立时，如果原合作社存续，则不存在解散问题，如果原合作社分立后不存在，则原合作社应解散。

（4）依法被吊销营业执照或者被撤销

依法被吊销营业执照是指依法剥夺被处罚合作社已经取得的营业执照，使其丧失合作社经营资格。被撤销是由行政机关依法撤销农民专业合作社登记。当合作社违犯法律、行政法规被吊销营业执照或者被撤销的，应当解散。

3. 解散的财产处置

因第一、第二、第四原因解散的，应当在解散事由出现之日起15日内由成员大会推举成员组成清算组，开始解散清算。逾期不能组成清算组的，成员、债权人可以向人民法院申请指定成员组成清算组进行清算，人民法院应当受理该申请，并及时指定成员组成清算组进行清算。

清算组自成立之日起接管农民专业合作社，负责处理与清算有关未了结业务，清理财产和债权、债务，分配清偿债务后的剩余财产，代表农民专业合作社参与诉讼、仲裁或者其他法律程序，并在清算结束时办理注销登记。

清算组应当自成立之日起10日内通知农民专业合作社成员和债权人，并于60日内在报纸上公告。债权人应当自接到通知之日起30日内，未接到通知的自公告之日起45日内，向清算组申报债权。如果在规定期间内全部成员、债权人均已收到通知，免除清算组的公告义务。

债权人申报债权，应当说明债权的有关事项，并提供证明材料。清算组应当对债权进行登记。在申报债权期间，清算组不得对债权人进行清偿。

4. 合作社破产及其财产处置

农民专业合作社的财产不足以清偿债务时，应当依法向人民法院申请破产。《农民专业合作社法》第四十八条规定，农民专业合作社破产适用《企业破产法》有关规定。但是，破产财产在清偿破产费用和共益债务后，应当优先清偿破产前与农民成员已发生交易但尚未结清的款项。上述规定体现了对农民成员权益的特殊保护，包含两层意思：一是农民专业合作社的破产财产在清偿破产费用和共同债务后，应当优先清偿破产前与农民成员已发生交易但尚未结清的款项。享有优先受偿权的只限于农民成员。二是在优先清偿破产前与农民成员已发生交易但尚未结清的款项之后，合作社破产财产的清偿顺序再适用《企业破产法》的有关规定。

农民专业合作社解散和破产时，不能办理成员退社手续。因为成员退社时，需要按照章程规定的方式和期限，退还记载在该成员账户内的出资额和公积金份额，将影响清算的进行，并严重损害合作社其他成员和债权人的利益。

农民专业合作社接受国家财政直接补助形成的财产，在解散、破产清算时，不得作为可分配剩余财产分配给成员。国家财政直接补助是国家为扶持农民专业合作社的发展，通过合作社提高其成员的收入，国家财政不是补助合作社的个别成员，因此，其形成的财产不能在清算时分配给成员。具体处置办法将由国务院另行作出详细的规定。

第三节 农民专业合作社的现行扶持政策

《中共中央关于推进农村改革发展若干重大问题的决定》提出：推进农业经营体制创新，加快农业经营方式的“两个转变”，即家庭经营要向采用先进科技和生产手段方向转变，增加技术、资本等生产要素投入，着力提高集约化水平；统一经营要向发展农户联合与合作，形成多元化、多层次、多形式经营服务体系方向转变。在“统”的层次上，要发展集体经济，增强集体组织服务功能，培育农民新型合作组织，发展各种农业社会化服务组织，鼓励龙头企业与农民建立紧密型利益联结机制。这是转变农业发展方式的基础性工程，也是现阶段完善农村双层经营体制的重点和难点。做好“统”的文章，必须从各地实际出发，充分尊重农民的意愿，农民喜欢怎么合作就怎么合作，农民需要什么服务就发展什么服务，把小农户经营引入现代农业规模化、集约化发展轨道上来。中央明确了农民专业合作社发展的基本要求，即“服务农民，进退自由，权利平等，管理民主”。

《农民专业合作社法》规定：“国家通过财政支持、税收优惠和金融、科技、人才的扶持以及产业政策引导等措施，促进农民专业合作社的发展。”并在该法律的第七章单独设立了扶持政策，包括财政政策和税收政策等，该章第五十条规定：“中央和地方财政应当分别安排资金，支持农民专业合作社开展信息、培训、农产品质量标准与认证、农业生产基础设施建设、市场营销和技术推广等服务。对民族地区、边远地区和贫困地区的农民专业合作社和生产国家与社会急需的重要农产品的农民专业合作社给予优先扶持。”

一、产业政策

中央强调国家在农业基础设施建设、技术推广、农产品营销等方面的优惠政策和扶持措施要向农民专业合作社倾斜；要把合作社作为支农项目建设的实施主体，国家支持的农业和农村经济建设项目，农民专业合作社可以承担的，可以委托和安排实施。

项目是实施产业政策的载体和形式。2010 年 5 月，为贯彻落实《农民专业合作社法》关于“国家支持发展农业和农村经济的建设项目，可以委托和安排有条件的有关农民专业合作社实施”的规定，农业部与国家发改委等部门联合印发了《关于支持有条件的农民专业合作社承担国家有关涉农项目的意见》。《意见》规定，对适合农民专业合作社承担的涉农项目，涉农项目管理办法（指南）中已将农民专业合作社纳入申报范围的，要继续给予支持；尚未明确将农民专业合作社纳入申报范围的，应尽快纳入并明确申报条件；今后新增的涉农项目，只要适合农民专业合作社承担的，都应将农民专业合作社纳入申报范围，明确申报条件。支持农民专业合作社承担的涉农项目主要包括：支持农业生产、农业基础设施建设、农业装备保障能力建设和农村社会事业发展的有关财政资金项目和中央预算内投资项目。凡适合农民专业合作社承担的，均应积极支持有条件的农民专业合作社承担。

支持有条件的农民专业合作社承担涉农项目的基本原则：涉农项目主管部门应当积极支持有条件的有关农民专业合作社参与涉农项目建设。委托和安排农民专业合作社承担的涉农项目的现行申报渠道、资金来源渠道和管理方式保持不变。

2009 年 6 月，农业部出台《关于加快发展农机专业合作社的意见》，强调加快发展农机专业合作社，把发展农机专业合作社作为发展农业机械化的重要组织形式和建设农机社会化服务体系的主攻方向。《意见》提出，发展农机专业合作社，必须以《农民专业合作社法》为准绳，把握和遵循农民自主、因地制宜、政府扶持、示范引导、规范发展等原则。《意见》强调，应落实扶持政策、加大投入力度、加快人才培养、加强示范引导，认真落实发展农机专业合作社的扶持措施。

2009 年 8 月，国家林业局出台《关于促进农民林业专业合作社发展的指导意见》，目的是规范农民林业专业合作社组织及其行为，促进农民林业专业合作社持续健康发展。《意见》分为五大部分。其中第四部分关于“切实加强对农民林业专业合作社的政策扶持”是《意见》的核心内容。归纳起来主要包括 4 个方面：一是加大产业政策扶持力度；二是加大采伐政策扶持力度；三是加大信贷支持力度；四是加大税收优惠力度。

2007 年 5 月，江西省农业厅联合财政厅等部门联合印发《关于加快农民专业合作社发展的若干意见》，对落实国家的各项政策措施提出了具体要求，以促进合作社又好又快发展。《意见》要求整合支农资金项目和政策，支持合作社发展。具体包括：一是国家支持发展农业和农村经济的建设项目，可以安排和委托有条件的农民专业合作社实施；二是省农业综合开发项目、扶贫项目、农田基本建设项目、标准化生产和无公害基地建设、“一村一品”项目、农产品质量标准与认证、水利等基础设施建设项目等向农民专业合作社倾斜，可安排有条件的农民专业合作社实施。

二、财政扶持政策

从2003年开始，中央财政在预算中专门安排用于支持农民专业合作组织发展的资金，并逐年加大投入力度。2003—2007年，中央财政累计安排5.15亿元支持2 700多个农民专业合作经济组织的发展。2007年《农民专业合作社法》颁布实施，为落实法律对国家财政支持农民专业合作社的总体要求，2007年当年的中央财政投入规模就显著加大，达到了2.2亿元，比上年增加1倍以上。地方各级财政也不断增加投入，加大对农民专业合作组织的支持力度，大多数省、自治区、直辖市的财政部门都在预算中安排了支持农民专业合作组织发展的专项资金。2003—2007年各省安排的扶持资金也超过4.6亿元。目前对农民专业合作社的财政支持主要分财政部门和农业部门两大块。

1. 财政部扶持合作社的相关规定

为提高农民进入市场的组织化程度和财政支农资金的有效性，财政部于2004年7月16日公布《财政部关于印发（中央财政农民专业合作组织发展资金管理暂行办法）的通知》，主要内容包括：不断加大投入、实行项目管理、标准文本申报、专家评审、择优安排和监督检查等。

（1）申请中央财政扶持的条件　中央财政农民专业合作组织发展资金支持的农民专业合作组织应符合下列条件：

①依据有关规定注册，具有符合“民办、民管、民享”原则的农民合作组织章程；

②有比较规范的财务管理制度，符合民主管理决策等规范要求；

③有比较健全的服务网络，能有效地为合作组织成员提供农业专业服务；

④合作组织成员原则上不少于100户，同时具有一定的产业基础。

（2）中央财政扶持的范围　中央财政农民专业合作组织发展资金重点支持的范围：

①引进新品种和推广新技术；

②雇请专家、技术人员提供管理和技术服务；

③对合作组织成员开展专业技术、管理培训和提供信息服务；

④组织标准化生产；

⑤农产品粗加工、整理、贮存和保鲜；

⑥获得认证、品牌培育、营销和行业维权等服务；

⑦改善服务手段和提高管理水平的其他服务。

（3）申报程序　中央财政扶持农民专业合作社资金也属农业专项资金，其申报程序与申报财政农业专项资金相同。根据财政部《关于印发〈财政农业专项资金管理规则〉的通知》规定，农业专项资金的项目申请单位，即项目单位，首先要向农业专项资金申报部门申报。所谓申报部门，是指申报项目所在地的财政部门或主管部门。申报部门应按照财政管理体制或财务关系，以正式文件逐级上报申报项目。项目申请单位应符合规定的资格或条件，提供本单位的组织形式、资产和财务状况，对农民收入、农业农村发展的贡献，以前实施农业项目的绩效等有关情况。

为保证项目申报文件的真实、科学和完整，项目申请单位应提交项目可行性研究报告。项目可行性研究报告可以委托专家或社会中介组织编写。接受委托编写项目可行性研究报告的社会中介组织应具备相应的资质条件。财政部门或主管部门应组织有关专家，或委托专门的项目评审机构对上报的文件进行评审，出具评审报告。

财政部门或主管部门依据项目评审报告，将符合规定的项目纳入项目库管理，择优选择。农业专项资金实行规范化分配，财政部门或主管部门依据专家或项目评审报告对项目资金进行分配。

2. 农业部扶持合作社的规定

农业部积极推动农民专业合作社示范社建设，以示范项目建设为载体，重点依托部、省、市、县四级工作平台，从产业基础牢、经营规模大、质量安全优、品牌效益高、出口能力强、服务设施全、带动农户多、社会效果好的合作社中，择优选择一批培育示范合作社。示范项目内容分为两部分：一是农民专业合作组织示范项目，每年培育100个左右全国“农民专业合作社示范社”，要求从省级示范社中择优选择；二是农民专业合作社示范社“以奖代补”试点项目。

（1）扶持目标

总体目标是通过支持粮食、油料、生猪、奶牛、家禽和蔬果等专业合作社改善基础设施、实施农业标准化生产、开展农产品质量标准与认证、加大市场营销和农业技术推广，使所扶持的合作社与同类的合作社相比较，在产品的商品率、优质率、产品竞争力以及成员收入水平等方面有明显的提高。所扶持的合作社成员主要生产资料统一购买率达到60%以上，主产品统一销售率达到60%以上，合作社成员的标准化生产率达到较高水平（东部地区60%以上，中部地区40%以上，西部地区20%以上），合作社农户成员人均收入比当地未参加合作社农户高（东部地区高30%以上，中部地区高20%以上，西部地区高10%以上）。在示范项目的影响和带动下，引导更多的农民专业合作组织提高服务水平，增强内生发展活力和发展后劲，使之成为引领农民参与市场竞争的现代农业经营组织，成为当地经济发展的重要载体，农民增收的重要渠道，进一步发挥农民专业合作组织在发展现代农业、建设社会主义新农村中的积极作用。

（2）申报扶持条件

申请项目的农民专业合作组织需符合以下条件：

①经县级以上有关部门登记注册满 1 年以上　在当地县级工商行政主管部门依法登记，取得农民专业合作社法人营业执照的农民专业合作社优先考虑。

②成员人数 100 人以上，其中农民成员达到 80% 以上　所从事的产业应当符合农业部优势农产品区域布局规划和特色农产品区域布局规划，已经带动形成了当地主导产业，成员年纯收入比当地非成员农民年纯收入高出 20% 以上。

③运行机制合理　有规范的章程、健全的组织机构、完善的财务管理等制度；有独立的银行账户和会计账簿，建立了成员账户；可分配盈余按交易量（额）比例返还给成员的比例达到 60% 以上。工商登记为农民专业合作社的，组织运行应符合《农民专业合作社法》的有关规定。

④服务能力较强　与成员在市场信息、业务培训、技术指导和产品营销等方面具有稳定的服务关系，实现了统一农业投入品的采购和供应，统一生产质量安全标准和技术培训，统一品牌、包装和销售，统一产品和基地认证认定等“四统一”服务。获得无公害农产品、绿色食品、有机食品认证标志或地理标志认证，获得中国农业名牌等知名商标品牌称号，以及产品出口获得外汇收入的，予以优先考虑。

申报农民专业合作社示范社“以奖代补”项目，除了具备以上基本条件外，必须达到的标准是：取得农民专业合作社法人营业执照；获得省（自治区、直辖市）级示范社称号；主产品具有注册商标和知名品牌、执行统一的生产质量安全标准、获得无公害产品或地理标志以上认证以及省级以上名牌农产品证书、著名商标证书或博览会奖项等。

（3）补助标准和资金使用方向

对每个列为补助对象的农民专业合作组织和农民专业合作社示范社补助或奖励 15 万 ~25 万元。为了保证示范项目补助资金集中使用，最大限度地发挥资金使用效益，示范项目申报单位应针对生产经营服务中最迫切需要解决的困难，在以下 5 项中选择 1 ~2 项作为补助资金的使用方向：

①发展生产改善基础设施建设；

②成员教育培训；

③组织实施农业标准化生产；

④开展农产品质量标准与认证；

⑤市场营销和农业技术推广。

（4）申报材料

申请项目的农民专业合作组织在按以上程序报送项目申报书的同时，须报送以下材料的复印件：

①合作组织章程；

②营业执照（注册登记证书）、组织机构代码证及工商登记机关登记在册的成员名单；

③管理制度（包括财务管理制度）；

④年度资产负债表和收益分配表；

⑤产品注册商标证书、获得的名特优产品证书，无公害农产品、绿色食品、有机食品或相应生产基地认证证书，地理标志认证证书，中国农业名牌等知名商标品牌证书，执行的生产质量安全标准文本，获得的省、市级示范专业合作组织（合作社）表彰的相关文件等。

三、金融扶持政策

《农民专业合作社法》规定："国家政策性金融机构和商业性金融机构应当采取多种形式，为农民专业合作社提供金融服务。"这为农民专业合作社获得信贷服务提供了法律保障。中央也十分重视为合作社提供金融支持。2007 年中央 1 号文件指出，要采取有利于农民专业合作社组织发展的税收和金融政策；2009 年中央 1 号文件明确要求，尽快制定金融支持合作社的具体办法；2010 年中央 1 号文件提出，各级政府扶持的贷款担保公司要把农民专业合作社纳入服务范围。

在中央一系列文件要求下，农业部门与金融部门相继出台了一系列政策和意见，优化合作社金融环境。2009 年 2 月，中国银监会和农业部联合印发《关于做好农民专业合作社金融服务工作的意见》，要求各地农村合作金融机构要积极构建与合作社的互动合作机制，进一步加强和改进对合作社的金融服务。《意见》从 5 个方面加大对农民专业合作社的金融支持：一是把农民专业合作社全部纳入农村信用评定范围。各农村合作金融机构要按照"先评级——后授信——再用信"的程序，把农民专业合作社全部纳入信用评定范围。二是加大信贷支持力度。重点支持产业基础牢、经营规模大、品牌效应高、服务能力强、带动农户多、规范管理好、信用记录良的农民专业合作社。三是创新金融产品。支持和鼓励农村合作金融机构结合实际创新金融产品。四是改进服务方式。加快综合业务网络系统建设，鼓励在农民专业合作社发展比较充分的地区就近设置 ATM、POS 等金融服务机具，稳步推广贷记卡业务，探索发展手机银行业务，提高服务便利度。五是鼓励有条件的农民专业合作社发展信用合作。优先选择在农民专业合作社基础上开展组建农村资金互助社的试点工作。

与此同时，各地也纷纷探索创新合作社金融支持路径，下发相应地落实意见，部署安排相关工作。例如，江西省金融机构围绕《关于做好农民专业合作社金融服务工作的意见》和《关于加快农民专业合作社发展的若干意见》，积极制定相关信贷指导意见、贷款管理办法等，加强和规范对农民专业合作社的信贷支持。如：江西省农行出台了《中国农业银行江西省分行“专业合作社＋农户”贷款管理办法》，省农村信用联社制订下发了《关于进一步加强农业产业化龙头企业信贷服务的指导意见》、《江西省农村信用社信贷支持“双十双百双千”工程工作计划》、《江西省农村信用社“致富桥”农民专业合作社贷款管理暂行办法》，进一步规范了农民专业合作社贷款管理，加大了对农民专业合作社的信贷投入，有力地支持了江西省农民专业合作社健康有序发展。

四、税收扶持政策

税收优惠，是指政府根据国家法律、行政法规以及有关的方针政策利用税收制度，减轻特定纳税人应履行的纳税义务，以此来补贴纳税人的某些活动或者相应的纳税人的行为。针对农民专业合作组织的税收优惠政策有两个方面，一是享受国家规定的对农业生产、加工、流通、服务和其他涉农经济活动相应的税收优惠；二是针对农民专业合作社发展的特别税收优惠扶持政策，特别规定主要是针对增值税的。

1. 税收基本知识

（1）所得税

所得税又称所得课税、收益税，指国家对法人、自然人和其他经济组织在一定时期内的各种所得征收的一类税收。所得税的特点主要是：一是通常以纯所得为征税对象；二是通常以经过计算得出的应纳税所得额为计税依据；三是纳税人和实际负担人通常是一致的，因而可以直接调节纳税人的收入，特别是在采用累进税率的情况下，所得税在调节个人收入差距方面具有较明显的作用，对企业征收所得税，还可以发挥贯彻国家特定政策，调节经济的杠杆作用；四是应纳税税额的计算涉及纳税人的成本、费用的各个方面，有利于加强税务监督，促使纳税人建立、健全财务会计制度和改善经营管理。

（2）营业税

营业税是对在我国境内提供应税劳务、转让无形资产或销售不动产的单位和个人，就其所取得的营业额征收的一种税。营业税属于流转税制中的一个主要税种。

营业税的计税依据为各种应税劳务收入的营业额、转让无形资产的转让额、销售不动产的销售额（三者统称为营业额），税收收入不受成本、费用高低影响，收入比较稳定。营业税实行比例税率，计征方法简便。农业机耕、排灌、病虫害防治、植保、农牧保险以及相关技术培训业务，家禽、牲畜、水生动物的配种和疾病防治免征营业税。

（3）增值税

从计税原理上说，增值税是对商品生产、流通、劳务服务中多个环节的新增价值或商品的附加值征收的一种流转税。实行价外税，也就是由消费者负担，有增值才征税没增值不征税。但在实际当中，商品新增价值或附加值在生产和流通过程中是很难准确计算的。因此，我国也采用国际上普遍采用的税款抵扣的办法，即根据销售商品或劳务的销售额，按规定的税率计算出销项税额，然后扣除取得该商品或劳务时所支付的增值税款，也就是进项税额，其差额就是增值部分应缴的税额，这种计算方法体现了按增值因素计税的原则。

（4）印花税

以经济活动中签立的各种合同、产权转移书据、营业账簿、权利许可证照等应税凭证文件为对象所课征的税。印花税由纳税人按规定应税的比例和定额自行购买并粘贴印花税票，即完成纳税义务。

2. 税收的相关政策

（1）免征、减征企业所得税

2007 年 3 月通过的《中华人民共和国企业所得税法》规定，“企业从事农、林、牧、渔业项目的所得，可以免征企业所得税。”

（2）免征部分增值税

2008 年 6 月，财政部与国家税务总局联合下发《关于农民专业合作社有关税收政策的通知》规定，对合作社销售本社成员生产的农业产品，视同农业生产者销售自产农业产品免征增值税；对合作社向本社成员销售的农膜、种子、种苗、化肥、农药、农机，免征增值税。

（3）抵扣增值税

《税收政策通知》规定，增值税一般纳税人从农民专业合作社购进的免税农业产品，可按13%的扣除率计算抵扣增值税进项税额。

（4）免征部分印花税

《税收政策通知》还规定，对合作社与本社成员签订的农业产品和农业生产资料购销合同免征印花税。

各地也高度重视发挥合作社作用，扶持合作社发展的政策更加具体，税收更加优惠。一是免征房产税和城镇土地使用税。浙江省、江西省、黑龙江省等地免征合作社部分房产税和城镇土地使用税。二是灵活抵扣增值税。江苏、广东等地合作社普通发票具有与增值税发票相同效力。江西省规定，增值税一般纳税人向农业生产者购进的免税农业产品和向小规模纳税人购进的农业产品可按13%抵扣进项税额。三是扩大增值税免交范围。浙江省、江西省等地扩大增值税优惠范围。《浙江省农民专业合作社条例》规定，合作社销售非成员农产品不超过合作社成员自产农产品总额部分，视同农户自产自销。四是免征营业税。江西省、黑龙江省、安徽省、四川省、湖南省、重庆市等地免征合作社部分营业税。《江西省农民专业合作社条例》规定，合作社从事农业机耕、排灌、病虫害防治、农牧保险以及相关技术培训业务，家禽、牲畜、水生动物的配种和疾病防治，免征营业税。五是免征印花税。《江西省农民专业合作社条例》规定，合作社与本社成员签订的农业产品和农业生产资料购销合同，免征印花税。

五、科技扶持政策

农业技术是指应用于种植业、林业、畜牧业、渔业的科研成果和实用技术，包括良种繁育、施用肥料、病虫害防治、栽培和养殖技术，农副产品加工、保鲜、贮运技术，农业机械技术和农用航空技术，农田水利、土壤改良与水土保持技术，农村供水、农村能源利用和农业环境保护技术，农业气象技术以及农业经营管理技术等。按照国家有关规定，国家要培育多元化服务组织，积极支持农业科研单位、教育机构、涉农企业、农业产业化经营组织、农民合作社、农民用水合作组织、中介组织等参与农业技术推广服务。推广形式要多样化，积极探索科技大集、科技示范场、技场结合的连锁经营、多种形式的技术承包等推广形式。推广内容要全程化，既要搞好产前信息服务、技术培训、农资供应，又要搞好产中技术指导和产后加工、营销服务，通过服务领域的延伸，推进农业区域化布局、专业化生产和产业化经营。

1. 申请接受政府技术服务

农业行政部门具有技术优势，而合作社则连接着田间地头，是开展农业技术推广的最有效渠道之一，二者紧密合作，可以提高技术推广的有效性和覆盖率。近年来影响较大的农业技术推广项目有农业科技入户工程、高产创建活动等，农民专业合作社都可以根据自身实际情况参与其中。

一是申请农业科技入户工程。为了提高广大农民科学种养水平，帮助农民发展生产、增收致富，农业部于2004年设置了农业科技入户工程项目，要求实施该项目的地区聘请专家和技术指导员，并派他们进村入户，手把手、面对面为农民传授科学种养技术和方法。农业科技入户工程的核心内容是“带”，即一个技术指导员带20个科技示范户，一个示范户带20户周边农户。根本要求是“入户”，就是要做到“科技人员直接到户，良种良法直接到田，技术要领直接到人”。最终目标是经过连续几年的扶持，提高科技示范户的学习接受能力、自我发展能力和辐射带动能力，把示范户培养成为观念新、技术强、留得住的科技堡垒户。合作社可以根据自身条件向当地农业部门申请加入。

二是积极参与高产创建活动。2008年是农业部确定的“全国粮食高产创建活动年”。这项活动集成、展示、推广先进实用技术，以点带面，促进区域平衡增产。在实施高产创建过程中，很多地方因地制宜地探索出不少新模式和新机制，大力推进统一供应良种、统一肥水管理、统一病虫害防治、统一全程机械化作业、统一技术指导“五统一”服务，提高社会化服务水平。显然，合作社在这些方面具有自身优势，完全可以积极参与。

2. 申请科技项目

一是申报科技立项，争取支持。国家鼓励农村合作经济组织开展科技创新和科技成果转化。每年各级财政科技三项经费都有一部分用于农业科技，农民专业合作组织可以根据自身的技术需求，开展科技攻关，通过科技部门认定，争取专项补助。

3. 支持农产品认证

《中华人民共和国农产品质量安全法》规定，国家引导、推广农产品标准化生产，鼓励和支持生产优质农产品，禁止生产、销售不符合国家规定的农产品质量安全标准的农产品；国家支持农产品质量安全科学技术研究，推行科学的质量安全管理方法，推广先进安全的生产技术；为确保各项规定的落实，中央和地方财政应当分别安排资金支持农业专业合作社开展农产品标准化生产和质量认证。

认证是指由认证机构证明产品、服务、管理体系符合相关技术规范、相关技术规范的强制性要求或者标准的合格评定活动。认可是指由认可机构对认证机构、检查机构、实验室以及从事评审、审核等认证活动人员的能力和执业资格，予以承认的合格评定活动。国家实行统一的认证认可监督管理制度。截至2008年3月，农民专业合作组织取得无公害农产品、绿色食品、有机产品认证5 300多个。

4. 支持农民专业合作社开展信息服务

农民专业合作社的一项重要职责就是为其成员提供农业生产资料的购买，农产品的销售、加工、运输、贮藏以及与农业生产经营有关的技术、信息服务。提供服务除合作社自身努力外，还需要政府的大力支持。对此国家有关的法律、行政法规及政策均有一些规定。例如，《中华人民共和国畜牧法》规定，国家采取措施，培养畜牧兽医专业人才，发展畜牧兽医科学技术研究和推广事业，开展畜牧兽医科学技术知识的教育宣传工作和畜牧兽医信息服务，推进畜牧业科技进步；畜牧业生产经营者可以依法自愿成立行业协会，为成员提供信息、技术、营销、培训等服务，加强行业自律，维护成员和行业利益。

六、人才扶持政策

提高农民整体素质，培养造就有文化、懂技术、会经营的新型农民，是建设社会主义新农村的迫切需要。国家支持农业科研教育、农业技术推广和农民培训。按照分类指导、分级负责、注重实效的原则，制定培训规划，采取学历教育、远程教育、短期进修、参观考察、国外研修等多种形式，大力加强合作社干部培训教育。重点是培训以理事长为主的农民专业合作社经营管理人才，以会计为主的农民专业合作社理财能手，以生产技术为主的种养能人。

合作社人才培训纳入“阳光工程”。2009年9月，农业部办公厅与财政部办公厅等部门联合印发了《关于做好2009年农村劳动力转移培训“阳光工程”实施工作的通知》，规定“阳光工程”自2009年起，首次专门将围绕农民专业合作社开展培训作为主要工作之一。培养善经营、会管理、懂技术、有奉献精神，能带领农民合作致富的合作社经营管理人才，促进农民专业合作社快速规范发展，提高农业生产的组织化程度。

合作社人才培养纳入现代农业人才支撑计划。2010年6月，党中央、国务院批准发布《国家中长期人才发展规划纲要（2010—2020年）》，这是我国第一个中长期人才发展规划，是当前和今后一段时期全国人才工作的指导性文件。《规划》提出，农民专业合作组织带头人是农村实用人才的重要组成部分，并明确现代农业人才支撑计划是当前和今后一个时期国家重大人才工程之一。《规划》强调，要适应建设社会主义新农村、加快发展现代农业的需要，加大对现代农业的人才支持力度。到2020年，选拔3万名农业产业化龙头企业负责人和专业合作组织负责人，给予重点扶持。

江苏、浙江、上海、江西、山西、陕西、湖南等地出台政策，吸引人才到合作社工作或领办合作社。2011年12月通过的《江西省农民专业合作社条例》规定，鼓励农业产业化龙头企业和其他经济组织以及科技人员、高校毕业生依法加入或者领办农民专业合作社。高校毕业生应聘到农民专业合作社任职的，享受国家和省规定的高校毕业生促进就业的相关待遇。对于科技人员、高校毕业生领办的农民专业合作社，县级以上人民政府应当安排资金优先予以扶持。

第四节　农民专业合作社权益保护

国家颁布《农民专业合作社法》的一个重要目的就是“保护农民专业合作社及其成员的合法权益”。贯彻和执行《农民专业合作社法》的一项重要内容就是要使农民专业合作社及其成员的“合法权益”，不受任何单位和个人的侵犯。任何部门、组织或个人侵犯农民专业合作社的合法权利，都应依法纠正，并视其情节，承担相应的法律责任。造成经济损失的，还要给予相应赔偿。

一、合作社权益保护的法律法规体系综述

2007年7月1日起开始实施《农民专业合作社法》，该法明确了农民专业合作社的市场主体地位，对国家鼓励和支持农民专业合作社发展的政策和方式作出了规定。从立法的角度讲，有3点内容：第一点，明确了农民专业合作社的市场主体地位，完善了我国关于市场主体法律制度，使《农民专业合作社法》成为继《公司法》、《合伙企业法》、《个人独资企业法》之后，又一部维护市场主体的法律，既有利于农民依法设立合作社，也有利于形成生产经营规模，保护农民利益；第二点，把合作社的运作纳入法制轨道，既有利于规范合作社的运行，又有利于提高农民的素质，提高组织化程度，推动农业的产业化经营，增加农民专业合作社及其成员抵御风险和参与市场竞争的能力，保护他们的合法权益；第三点，设立农民专业合作社，给合作社的自治留下了足够的空间，有利于合作社在规范中发展，在发展中创新，永远保持它的生机与活力。

《农民专业合作社法》对保护合作社平等主体地位的规定主要体现在：合作社平等地参与市场竞争，任何人不得歧视。比如，某单位向市场公开招标采购一批农产品时，除质量、价格外，不得以其他不正当理由拒绝合作社公平参与投标；政府给农业的投资项目，如果合作社符合政策规定条件，有关部门不得要求

只有公司或行政组织才能承担等。总之，法律规定合作社与其他任何市场主体的地位是平等的，即平等地参与市场竞争，平等地享有合法权利和平等地依法承担相应责任。

除这部法律外，还有一些行政法规也包含有保护合作社主体地位的规定。如国家工商总局发布的《登记管理条例》规定，符合登记条件的，登记机关必须在规定时间颁发法人营业执照，不得无故拒绝登记为合作社。现实中，有些基层工商却以所提供材料需实地核实为由，要求申请登记为合作社的发起人带他们到实地核查，有的还趁机吃拿，这就是一种对合作社主体地位的歧视行为。因为，没有哪个登记机关对公司登记提出实地核查的，有关法律法规也只是要求进行形式审查，没有要求进行实质审查。对合作社提出实地核查实际是实质审查，是额外要求。这就是没把合作社与公司平等地看待的表现。

二、合作社及其成员合法权益的主要内容

1. 农民专业合作社的合法权益

（1）财产权利

《农民专业合作社法》第四条第二款规定，合作社对成员出资、公积金、国家财政补助形成的和社会捐赠形成的财产，享有占有、使用和处分的权利。这一规定旨在明确合作社对上述财产享有独立支配的权利。该条第二款同时规定，农民专业合作社以上述财产对债务承担责任，这是合作社行使财产处分权利的重要形式。同时，合作社作为独立的法人，依法享有申请注册商标和专利的权利。

（2）依法享有申请登记字号的权利

其字号受到相关法律保护，任何单位和个人不得侵犯。

（3）生产经营自主权

农民专业合作社作为独立的、平等的市场主体，在其成立之后享有生产经营自主权，其生产经营和服务的内容不受任何其他单位或者市场主体的干预。

（4）通过诉讼和仲裁保护自身权利

农民专业合作社作为法律认可的民事主体，在日常经营活动中，如其合法权益受到侵犯，可以依法通过诉讼和仲裁的方式维护自己的合法权益。

2. 农民专业合作社成员的合法权益

（1）经济权益

①对出资的支配权利　合作社成员的出资在本质上是将其个人拥有的特定财产授权合作社进行支配。在合作社存续期间，合作社成员以共同控制的方式行使

对所有成员出资的支配。

②农民专业合作社应当为每个成员设立成员账户，如实记载该成员的出资额、量化为该成员的公积金份额和该成员与本社的交易量（额）　一方面是作为成员参加盈余分配的重要依据，另一方面也说明了成员对其出资和享有的公积金份额拥有终极所有权。即按照《农民专业合作社法》第二十一条规定，成员资格终止的，农民专业合作社应当按照章程规定的方式和期限，退还记载在该成员账户内的出资额和公积金份额；对成员资格终止前的可分配盈余，依照该法第三十七条第二款的规定向其返还。同时，明确资格终止的成员应当按照章程规定分摊资格终止前本社的亏损及债务。

③盈余分配　我国农民专业合作社盈余分配制度，一方面，为了体现合作社的基本特征，保护农民成员的利益，在《农民专业合作社法》第三条第五项确立了农民专业合作社“盈余主要按照成员与农民专业合作社的交易量（额）比例返还”的原则，并且，返还总额不得低于可分配盈余的60%。另一方面，为了保护投资成员的资本利益，《农民专业合作社法》规定对惠顾返还之后的可分配盈余，按照成员账户中记载的出资额和公积金份额，比例返还于成员。同时，合作社接受国家财政直接补助和他人捐赠所形成的财产，也应当按照盈余分配时的合作社成员人数平均量化，以作为分红的依据。

（2）民主权益

通常所说的农民专业合作社的民主权益，一般是指“民办、民管、民受益”。《农民专业合作社法》强调的民主是指成员主体地位的平等，具体包括执行权、决定权、选举权和监督权。《农民专业合作社法》第十六条规定，农民专业合作社成员参加成员大会，并享有表决权、选举权和被选举权，按照章程规定对本社实行民主管理；按照章程规定或者成员大会决议分享盈余；查阅本社的章程、成员名册、成员大会或者成员代表大会记录、理事会会议决议、监事会会议决议、财务会计报告和会计账簿。

三、侵犯合作社及其成员合法权益的主要表现形式

侵犯农民专业合作社及其成员合法权益的主要形式有侵占合作社及成员合法财产、干预合作社自主经营、强迫合作社接受不公平交易等。实施的主体既有外部单位或个人采取摊派、强买强卖以及截留、克扣等不正当手段侵占合作社财物的行为，也包括本社管理人员或从业人员及其他当事人采取贪污、挪用、转移等不正当手段侵占合作社财物的行为。

1. 侵犯合作社及其成员合法权益的主要形式

（1）侵占合作社及其成员的合法财产

侵占合作社财产，是本社有关管理人员或从业人员及其他当事人，以及农民专业合作社以外的有关人员通过各种不正当手段，侵犯占有农民专业合作社的合法财产。这种行为，一是损害农民专业合作社权益；二是影响农民专业合作社对成员提供的服务；三是破坏农民专业合作社的经营与发展，是一种严重的违法行为。对于这种行为必须严格予以制止并依法追究责任。

侵占合作社成员个人财产，侵害的主体和实施侵害的手段与侵占合作社法人财产相同，只是受害对象由农民专业合作社变成其所属的成员而已。它是指农民专业合作社的有关管理或从业人员通过各种不正当的手段，侵吞占有成员与本社相联系的合法财产的行为，是一种严重损害成员合法权益的行为。

（2）干预合作社自主经营

干预合作社自主经营，是指有关组织或个人，按照自己的意志，违背合作社自身发展需求，强行干涉合作社的生产经营活动。按照法律规定，农民专业合作社是独立的民事主体，具有独立民事行为能力和民事责任能力，任何组织和个人不得以任何名义侵犯农民专业合作社的经营自主权。农民专业合作社作为独立的市场主体，有健全的组织机构和严密的运行制度，按照章程开展各项活动，不隶属于任何部门，实行自主经营、自负盈亏、自担风险，享有自主经营权。

（3）强迫合作社接受不公平交易

强迫合作社接受不公平交易，是指有关政府机构或者类似机构，以及承担某种公共管理职责的机构或人员，利用其处在优势地位，违背合作社意愿，强迫合作社接受某种服务，或者要求合作社无偿或低价向其提供人力、财力、物力。如某单位利用了自己的某种优势或行政地位，向合作社提供的服务不是合作社所需要的，或者本质不在于服务，而在于有偿，即是属于强迫合作社接受不公平交易的行为。

2. 常见的几种侵害农民专业合作社及其成员财产行为

（1）向合作社摊派财物或强迫合作社买卖的行为

摊派或强迫合作交易，是指拥有一定权力的国家机关、政府部门及有关组织或其他市场强势者，倚仗自己的强势地位，从合作社无偿或低价拿走财物。亦或强迫合作购买自己的产品或接受自己的所谓服务。常见的有向合作社下达报刊订阅任务，要求合作社向政府举办的某些活动提供赞助、强迫或变相强迫合作向教育卫生等社会公益事业捐款捐物等。

（2）挪用合作社或成员财产的行为

挪用农民专业合作社的财产，既有掌管政府补贴合作社资金的部门或单位、个人，利用职务之便将本应该给合作社的补贴挪作他用，事后又予以归还的行为；也有本社管理或从业人员利用职务之便，将农民专业合作社用以经营的财产挪给自己个人或亲友使用的行为，事后又予以归还的行为。挪用农民专业合作社财产，一是损害农民专业合作社权益；二是影响农民专业合作社的经营与对成员提供的服务；三是破坏农民专业合作社的发展。挪用成员的财产，是指有关管理或从业人员通过各种不正当手段，挪用应当支付于成员的合法财产的行为。这里的挪用财产对象，主要是指农民专业合作社与其成员进行交易时应向其支付的价款，或账户中记载的出资或对应的公积金份额等。对这种财产的挪用，损害成员的利益，影响他们入社的积极性，破坏党和国家发展农民专业合作社的政策。

挪用农民专业合作社或其成员的财产是两种行为相同、性质有所区别的违法行为，既损害权利人的合法权益，又扰乱农民专业合作社经营秩序，影响了国家对于农民专业合作社政策的实施。对上述违法行为，一是要追回挪用的财产；二是对于因此取得的收入应分别归于农民专业合作社或其成员；三是由此造成损失的应予以赔偿。

（3）截留合作社或其成员财产的行为

截留合作社财产，是指本社的有关管理或从业人员利用职务之便，通过各种不正当手段，将经本人之手应收归本社的财产予以截存、或者予以挪用、或者予以占有的行为。截留合作社成员的财产，是指本社的有关管理或从业人员通过各种不正当手段，将经本人之后应归还或者支付于本社某位成员的财产予以截存、或者予以挪用、或者予以占有等行为。截留合作社和截留合作社成员的财产，是两种性质相同，但侵犯主体不同的违法行为。对于截留合作社或者其成员合法权益的行为，应依法追究法律责任。

（4）私分合作社或其成员财产的行为

私分合作社或其成员财产，是指本社的有关管理或从业人员利用职务之便，通过各种不正当手段，将本社的某种财产或者应返还或分配某个成员的财产予以隐匿转移，然后再进行小范围私自分配的行为。私分合作社或其成员的财产，严重损害了合作社或其成员的利益，破坏了党和国家发展农民专业合作社的政策，是一种严重的违法行为。对于这种行为必须严格予以制止并依法追究责任。对于私分的财产应予追回，由此造成合作社或其成员损失的，应责令有关当事人予以赔偿。

（5）以其他方式侵占合作社或其成员财产的行为

以其他方式侵犯合作社或其成员财产，是指本社的有关管理或从业人员利用职务之便，通过各种不正当手段从事的除侵占、挪用、私分本社及其成员财产以外的，侵犯本社或其成员财产的行为。如对本社或某成员有意见，或者为泄私愤而毁损或低价处理本社的财产或该成员的某种财产；为某种个人目的藏匿这种财产；有关管理人员因严重不负责任，导致生产事故造成本社或其成员财产损失；在经营中因过错导致某种交易失误而造成本社或其成员的损失等。无论以何种方式对合作社或其成员的财产的侵犯，都损害了合作社或其成员的利益，都属于严重违法行为。对于此类行为，应当严格予以制止，并依法追究法律责任。

四、侵犯合作社合法权益应承担的法律责任

《农民专业合作社法》主要规定了下述行为应承担的法律责任：一是侵占、挪用、截留、私分或者以其他方式侵犯农民专业合作社及其成员合法财产的行为；二是非法干预农民专业合作社及其成员生产经营活动的行为；三是向农民专业合作社及其成员摊派或是强迫农民专业合作社及其成员接受有偿服务的行为，并造成农民专业合作社经济损失的，依法追究法律责任。

所谓法律责任，是指当事人因违反了法律规定的义务所应承担的法律后果。其主要特征是：一是由于违反了法律的强制性规范，不履行法定义务而应当承担的后果；二是法律责任具有强制性；三是法律责任是由法律明文规定的。

侵犯合作社权益的违法行为应承担的法律责任主要为3类：即民事责任、行政责任和刑事责任。

1. 民事责任

是由民事法律规定的承担民事责任的具体形式。它表现为国家对民事责任行为人采取的制裁措施和对被侵害的权利人采取的补偿与救济财产权利损害为目的，以强制责任人承担财产上不利后果为内容的责任形式。按照规定，行为人承担赔偿责任的条件是：一是行为人有故意行为，本规定的违法行为均是故意行为；二是已经给农民专业合作社造成经济损失；三是给农民专业合作社造成经济损失是由于行为人的故意行为所引起的，即造成的经济损失与行为人的故意有直接的因果关系。

2. 行政责任

是指行政机关工作人员如果违反法律、行政法规有关规定，有侵占、挪用、截留、私分或者以其他方式侵犯农民专业合作社及其成员的合法财产，非法干预农民专业合作社及其成员的生产经营活动，向农民专业合作社及其成员摊派，强迫农民专业合作社及其成员接受有偿服务的行为，造成农民专业合作社经济损失

的，除承担民事责任外，还应依照有关法律、行政法规的规定追究行政责任。按照2003年8月27日第十届全国人民代表大会常务委员会第四次会议通过，自2004年7月1日起施行的《中华人民共和国行政许可法》的规定，行政机关实施行政许可，不得向申请人提出购买指定商品、接受有偿服务等不正当要求。行政机关工作人员办理行政许可，不予索取或者收受申请人的财务，不得谋取其他利益。行政机关工作人员违反行政许可、实施监督检查，索取或者收受他人财物或者谋取其他利益，构成犯罪的，依法追究刑事责任；尚不构成犯罪的，依法给予行政处分。行政机关违法实施行政许可，给当事人的合法权益造成损害的，应当依照国家赔偿法的规定给予赔偿。

3. 刑事责任

是指如果违法行为构成犯罪的，要依据刑事诉讼及刑法的有关规定追究有关行为人的刑事责任。按照《中华人民共和国刑法》的规定，以暴力、威胁手段强迫他人接受服务，情节严重的，处三年以下有期徒刑或者拘役，并处或者单处罚金。公司、企业或者其他单位的人员，利用职务上的便利，将本单位财务非法占为己有，数额较大的，处五年以下有期徒刑或者拘役，并处或没收财产。公司、企业或者其他单位的人员，利用职务上的便利，挪用本单位资金归个人使用或者借贷给他人，数额较大、超过三个月未还的，或者虽未超过三个月，但数额较大、进行营利活动的，或者进行非法活动的，处三年以下有期徒刑或者拘役；挪用本单位资金数额巨大的，或者数额较大不退还的，处三年以上十年以下有期徒刑。

第五节　合作社违法行为的法律责任

法律在规定合作社享有权利的同时，也要求其履行应有的义务，因为权利和义务是对等的，没有无义务的权利，也没有无权利的义务。因此，当合作社存在违法行为时，也应受到相应的法律制裁。

一、合作社承担的应有义务

1. 向登记机关提供真实的申请材料

如申请设立合作社，必须向登记机关如实提供相关出资证明或者其他财产证明、场地使用证明、业务经营证明等证明材料，并按要求准备其他申请材料。

2. 向政府有关部门按时报送财务报告

财务报告是反映企业财务状况和经营成果的总结性书面文件，包括资产负债表、损益表、财务状况变动表（现金流量表）、有关附表以及财务说明书。提供财务报告，是指农民专业合作社的有关机构或人员依据法律规定向有关业务主管机关，如财政机关、税务机关等上报财务报告文件的行为。法律规定，这样的组织有依法编制财务报告、进行会计核算、向成员大会作出财务报告、并依法向有关机关上报财务报告的责任。这种向成员大会和向有关机关提交的财务报告，必须如实反映农民专业合作社经营的全部财务情况，不得在报告中作虚假记载。

3. 其他法定义务

如依照有关法律法规的规定，开展安全生产，并按产品质量标准生产安全产品，在市场经营中遵循诚实守信、公平交易的原则等。

二、合作社违法行为的表现形式

1. 向登记机关骗取登记的违法行为

合作社向登记机关骗取登记，是指有关人员在农民专业合作社的设立登记中向登记机关提供虚假材料或者采取其他欺诈手段取得登记的行为。一种是提供虚假登记材料，如提供虚假的出资证明或者其他财产证明、场地使用证明、业务经营证明等，骗取登记；另一种是采取其他欺诈手段取得登记，如将有关资金打入账户，待获得登记后即将资金抽出，或者采取贿赂手段使某种具有不真实内容的合作社设立申请得以通过，以及通过某种关系，将不符合条件的合作社予以登记的情形。

2. 提供财务报告中弄虚作假的违法行为

提供财务报告中弄虚作假，是指合作社向成员大会和有关主管部门报送的财务报告中，作虚假记载或者隐瞒重要事实的行为。其违法行为主要包括两种情形：一是在财务报告中作虚假记载，如虚报支出、瞒报盈利、编制虚假的经营活动、偷漏税收等。财务报告是农民专业合作社一定期间财务会计核算的综合反映，只有如实记载财务会计核算情况才能使成员大会和有关机关准确了解经营与财务情况。在财务报告中作虚假记载，不仅影响成员大会和有关主管部门对情况的了解，而且给这方面的违法犯罪留下可乘之机。二是在财务报告中隐瞒重要事实，如在从事的股权投资中，对于某次重要投资的买进卖出事实予以隐瞒，或者对于经营中的某种重要决策失误所造成的损失隐瞒不报等。它将导致成员大会或者有关主管部门对经营财务情况的误判。

3. 其他违法行为

如违反劳动安全法律法规规定组织生产，造成劳动者伤亡；不按农产品质量安全法律法规规定，生产假冒伪劣农产品的，不按诚信原则搞欺诈经营等。

三、合作社违法行为应承担的法律责任

1. 向登记机关骗取登记违法行为的法律责任

《农民专业合作社法》第五十四条规定：“农民专业合作社向登记机关提供虚假登记材料或者采取其他欺诈手段取得登记的，由登记机关责令改正；情节严重的，撤销登记。”根据这一规定，对于上述行为法律规定应采取以下两种方式进行处理：一是情节严重的要撤销登记，即对于没有成立农民专业合作社的意思，或者不是农民专业合作社，但以虚构事实、提供虚假材料等骗取农民专业合作社营业登记，以此享受获取国家有关扶持政策，对于此种情形，基于其主观恶意以及客观上带来的恶果，由登记机关对于已登记的农民专业合作社给予撤销登记的处理；二是由登记机关责令改正，即有成立农民专业合作社的真实意思，但是在申请工商登记过程中，提供虚假登记材料或者采取其他欺诈手段取得登记行为而情节比较轻微的，由登记机关责令申请人对相关的材料进行修改、补正，条件不足的进行相关的准备或充实等，使之符合登记的要求而对其进行登记。

2. 提供财务报告弄虚作假违法行为的法律责任

《农民专业合作社法》第五十五条规定：“农民专业合作社在依法向有关主管部门提供的财务报告等材料中，作虚假记载或者隐瞒重要事实的，依法追究法律责任。”这里所讲的法律责任包括了民事责任、行政责任和刑事责任。如何承担法律责任，并没有作出具体的规定，应根据有关法律、行政法规等的规定确定。比如，根据《会计法》的规定，伪造、变造会计凭证、会计账簿，编制虚假财务会计报告，构成犯罪的，依法追究刑事责任；上述行为，尚不构成犯罪的，由县级以上人民政府财政部门予以通报，可以对单位并处5 000元以上10万元以下的罚款；对其直接负责的主管人员和其他直接责任人员，可以处3 000元以上5万元以下的罚款。授意、指使、强令会计机构、会计人员及其他人员伪造、变造会计凭证、会计账簿，编制虚假财务会计报告或者隐匿、故意销毁依法应当保存的会计凭证、会计账簿、财务会计报告，构成犯罪的，依法追究刑事责任；尚不构成犯罪的，可以处5 000元以上5万元以下的罚款。

3. 其他违法行为的法律责任

合作社作为独立的市场主体，理应与其他市场主体一样，对自己的一切违法行为依法承担相应的民事法律责任。

第四章　其他农村集体经济管理工作

第一节　农村集体经济统计

一、农村集体经济统计的对象及内容

1. 农村集体经济统计的对象

农村集体经济统计（简称农经统计）是以农村集体经济现象总体的数量特征为研究对象的社会经济统计。它通过对农村集体经济组织及其所辖（或所属）经营单位经济活动在数量方面的表现进行收集、整理和分析，以研究和认识农村集体经济发展状况和运行规律，是农村社会经济统计的重要组成部分和农村经营管理的一项基础性工作。

农经统计的目的是为了反映我国农村集体经济发展的实际情况，分析农村集体经济发展的特点与规律，提高农村集体经济组织经济效益。

调查对象一般是指需要进行调查的某种社会经济现象的总体，它是由性质相同的许多调查单位组成的。调查单位是指所要调查的社会经济现象总体中的各个具体单位。农村集体经济统计的调查对象包括构成农村集体经济的各类经营单位，包括各类乡镇级集体企业、村组集体经营组织、农民专业合作组织、调查农户等调查单位。

2. 农村集体经济统计的内容

任何社会经济统计工作都不可能把研究对象的所有方面的数量表现事无巨细地加以搜集，必须根据研究目的，选择某些方面的数量表现进行搜集、整理和分析。农经统计的内容主要包括以下几个方面：

（1）农村集体组织及资源情况；

（2）农村经济收益及分配情况；

（3）农村土地承包政策落实情况；

（4）农民负担情况；

（5）村集体经济组织经营情况和财务状况；

(6) 农民专业合作组织发展情况；

(7) 农村集体资产财务管理情况；

(8) 农村经营管理机构队伍状况等。

二、农村集体经济统计资料的搜集及统计指标分类

农村集体经济统计工作过程一般分为统计设计、统计资料搜集、统计资料整理、统计资料分析、统计资料的提供与开发利用5个环节，环环相扣。第一个环节是统计设计，指根据统计研究对象的性质和研究目的，对统计工作各方面和环节进行考虑和安排，其结果表现为各种统计制度、标准、规定、方法和设计方案。第二个环节是统计资料搜集，指为获得统计资料有计划地进行各种调查研究活动。统计资料的搜集工作是整个统计工作的基础。第三个环节是统计资料整理，指对调查取得的资料加以科学分类汇总，使之条理化、系统化，将反映各个调查单位个别特征的资料转化为反映调查对象总体数量特征的综合资料的工作程序。统计资料整理是农经统计工作不可或缺的纽带，既是统计调查的继续，又是统计分析的前提。第四个环节是统计资料分析，指采用各种分析方法，对经过整理的统计资料进行分析研究，揭示所研究社会经济现象的数量特征及其规律性，作出趋势判断。第五个环节是统计资料的提供与开发利用，指在统计整理和分析的基础上，将系统的统计资料、分析结论和预测结果提供给社会，以满足社会各个方面对统计信息的需求。

1. 统计资料的搜集方法

(1) 统计报表

是指按照国家有关法规规定，按统一规定的表格形式，统一的指标项目，统一的报送时间，自上而下逐级部署，自下而上逐级定期提供基本资料的一种调查制度。具有统一性、全面性、周期性和相对可靠的特点。按报送单位的多少不同，统计报表分为全面统计报表和非全面统计报表，全面统计报表要求调查对象中的每一个单位都填报，非全面统计报表只要求调查对象总体中的一部分单位填报。农村集体经济统计报表属于全面统计工作报表。

(2) 全面调查

对调查对象的所有调查单位进行调查的调查方法。全面调查可以取得全面、完整的资料，便于汇总加工，满足各级政府需要，但耗费人力财力较大。农村集体经济统计除村农户家庭经营收支资料外，其他调查对象的数据信息主要通过全面调查获得。

（3）抽样调查

是指从全部调查对象中抽选一部分单位进行调查，并据以对全部调查研究对象作出估计和推断的一种调查方法。抽样调查属于非全面调查，但他的目的却在于取得反映总体情况的信息资料，因而也可以起到全面调查的作用。按照农村集体经济统计报表制度要求，农民家庭经营收入支出资料采用抽样调查方法取得。

抽样调查主要有3个突出特点：一是按随机原则抽取样本；二是总体中每个单位都有一定的概率被抽中；三是可以用一定的概率来保证将误差控制在规定的范围内。

（4）重点调查

是指在被研究现象总体的所有组成单位中，选择其中的重点单位进行调查。这些重点单位在总体的全部单位中，虽然只是少数，但在研究总体某一方面的数量表现中却占有很大比重。当调查任务只要求掌握基本情况，调查对象又有明显的重点单位时，可采用此种调查方法。

（5）典型调查

是指在对象总体进行初步分析的基础上，有意识地选择若干具有代表性的单位进行深入、周密、系统地调查研究，借以认识事物发展变化规律的一种非全面调查方法。进行典型调查的主要目的不在于取得社会经济现象的总体数值，而在于了解事物带有苗头性、趋势性的情况。

典型调查的优点在于调查范围小，调查单位少，灵活机动，具体深入，节省人力、财力、物力。通过典型调查可以搜集全面调查无法取得的统计资料，对某一问题作深入细致的调查研究，补充全面调查的不足。

2. 统计指标分类

统计指标是反映现象总体数量特征基本概念以及通过统计实践得到的指标具体数值的总称。在具体应用时，统计指标有两种理解和用法，一是统计指标的设计形态，如农村经济总收入、粮食产量、人均纯收入等；二是指具体的统计数字，即统计指标的完成形态。如2010年江西省财政总收入为1 226亿元。统计指标从设计形态看由3个要素构成，即指标名称、指标计量单位和指标计算方法；从完成形态看由6个要素构成，即指标名称、指标计量单位、指标计算方法、指标的空间限制、指标的时间限制和具体指标数值。

（1）依据统计指标所反映的现象总体的内容，划分为数量指标和质量指标

数量指标是用绝对数形式表现的，反映社会经济现象总规模、总水平或工作量的统计指标。如农经统计中全国农村经济基本情况统计总表中的汇总乡镇数、

汇总村数、村集体经济组织数、汇总农户数、汇总劳动力数等。数量指标的数值随调查对象范围大小而增减，它是认识一定社会经济现象总体的出发点。质量指标是用相对数或平均数形式表现的，反映社会经济现象总体内部数量关系或总体各单位一般平均水平的统计指标。如农民人均所得、村均固定资产等。质量指标的数值不随调查对象范围大小而增减。

（2）依据指标的计量单位不同，划分为实物指标、价值指标和劳动指标

实物指标是根据事物自然属性和特点，采用自然、物理计量单位计量的统计指标。价值指标又称货币指标，它是以货币单位计量的反映事物价值量的统计指标。劳动指标是用劳动时间表示的劳动消耗量的统计指标，计量单位有工日、工时等。

三、农村集体经济统计分组

统计分组是按照某个或几个重要标志，将总体划分为若干性质不同的部分或组的一个统计方法。统计分组对总体而言是“分”，对个体而言是“合”。

统计分组与统计指标是统计的两个基本要素。在保证调查资料质量的前提下，统计分组的正确与否是决定整个统计研究成败的关键。统计分组的作用：①划分社会经济现象类型；②揭示社会经济现象的内部结构及其比例关系；③分析现象之间的依存关系。

选择分组标志也就是选择确定分组的依据，是统计分组的关键。要正确地选择分组标志，应注意以下几点：

①根据统计研究的目的和任务选择分组标志；②选择最能反映事物本质特征的标志进行分组；③选择分组标志要考虑现象发展的历史条件或经济条件。

分组标志按性质不同有品质标志和数量标志两种。表现事物质的特征，不能用数值表示的标志为品质标志。数量标志是反映事物量的特征，可以用数值来表示的标志。①按品质标志分组就是选择反映事物属性差异的标志作为分组标志，如农业人口按性别分组。②按数量标志进行分组就是选择反映事物数量差异的标志作为分组标志，并在数量标志变化范围内划定分组界限。当每个组包含若干标志值时，组距一般用“××—××”形式表示，每个组最大数称为“上限”，最小数称为“下限”。当相邻的两组上、下限重叠，单位标志值又恰好是这个重叠的上下限值时，按“上限不在本组内”的原则分组，即该单位值要被分在下限与其值相同的那一组。

按照选择分组标志的多少，分组有简单分组和复合分组。①简单分组是对研究总体按一个标志对总体进行分组。如农村企业按生产规模分为大型、中型、小

型三个组。②复合分组是用两个或两个以上的分组标志重叠起来，对总体进行分组。比如，对农村人口先按性别划分，再分别在男性人口和女性人口中按年龄划分。

四、农村集体经济统计实务

1. 农村经营管理情况统计报表

农村经营管理情况统计报表共10张，454个指标，报表名称、报告期别、填报范围、报送单位和报送日期及方式。如表4－1所示。

表4－1　农村经营管理情况统计报表内容

表号	表名	报告期别	填报范围	报送单位	报送日期及方式	备注
农市（经）年综1表	农村经济基本情况统计表	年报	村集体经济组织	各级农业部门	次年2月底以前，电子邮件	
农市（经）年综2表	农村经济收益分配统计表	年报	村集体经济组织及所属农户	各级农业部门	次年2月底以前，电子邮件	
农市（经）年综3表	农村土地承包经营及管理情况统计表	年报	村集体经济组织	各级农业部门	次年2月底以前，电子邮件	
农市（经）年综4表	农民专业合作社情况统计表	年报	各类农民专业合作组织	各级农业部门	次年2月底以前，电子邮件	
农市（经）年综5表	村集体经济组织收益分配统计表	年报	村集体经济组织	各级农业部门	次年2月底以前，电子邮件	
农市（经）年综6表	村集体经济组织资产负债情况统计表	年报	村集体经济组织	各级农业部门	次年2月底以前，电子邮件	
农市（经）年综7表	农村集体资产财务管理情况统计表	年报	乡村集体经济组织、企业及有关单位	各级农业部门	次年2月底以前，电子邮件	
农市（经）年综8表	农民负担情况统计表	年报	村集体经济组织农户	各级农业部门	次年2月底以前，电子邮件	
农市（经）年综9表	农村经济机构队伍情况统计表	年报	各级农村经营管理机构和人员	各级农业部门	次年2月底以前，电子邮件	
农市（经）年综10表	农村经营管理季报	季报	村集体经济组织	各级农业部门	每季度末月20日以前；电子邮件	

由于篇幅限制，本书仅简要介绍几种报表及其格式。

（1）农村经济基本情况表

农村经济基本情况统计，是农经统计报表体系中的基础。一般是采取全面调查的统计方法，以村为起报单位。如表 4－2 所示。

表 4－2　农村经济基本情况统计表

表号：农市（经）年综 5 表

制表机关：农业部

批准机关：

批准文号：

有效期：

填报单位：

指标名称	代码	计量单位	数　量
甲	乙	丙	1
一、基层组织			
1. 汇总乡镇数	1	个	
2. 汇总村数	2	个	
（一）村集体经济组织数	3	个	
（二）村委会代行村集体经济组织职能的村数	4	个	
3. 汇总村民小组数	5	个	
其中：组集体经济组织数	6	个	
二、农户及人口情况			
1. 汇总农户数	7	万户	
（1）纯农户	8	万户	
（2）农业兼业户	9	万户	
（3）非农业兼业户	10	万户	
（4）非农户	11	万户	
2. 汇总人口数	12	万人	
三、汇总劳动力数	13	万人	
其中：1. 从事家庭经营	14	万人	
其中：从事第一产业	15	万人	
2. 外出务工劳动力	16	万人	
其中：常年外出务工劳动力	17	万人	
①乡外县内	18	万人	
②县外省内	19	万人	
③省外	20	万人	

（续表）

指标名称	代码	计量单位	数　量
甲	乙	丙	1
四、集体所有的农用地总面积	21	万亩	
1. 耕地	22	万亩	
其中：（1）归村所有的面积	23	万亩	
（2）归组所有的面积	24	万亩	
2. 园地	25	万亩	
其中：家庭承包经营面积	26	万亩	
3. 林地	27	万亩	
其中：家庭承包经营面积	28	万亩	
4. 草地	29	万亩	
其中：家庭承包经营面积	30	万亩	
5. 养殖水面	31	万亩	
其中：家庭承包经营面积	32	万亩	
6. 其他	33	万亩	
五、农户经营耕地规模情况			
1. 经营耕地10亩以下的农户数	34	万户	
2. 经营耕地10～30亩的农户数	35	万户	
3. 经营耕地30～50亩的农户数	36	万户	
4. 经营耕地50～100亩的农户数	37	万户	
5. 经营耕地100～200亩的农户数	38	万户	
6. 经营耕地200亩以上的农户数	39	万户	

单位负责人：　　统计负责人：　　填表人：　报出日期：201 年　月　日

注：填报说明：指标平衡关系：代码2＝代码3＋代码4；代码7＝代码8＋代码9＋代码10＋代码11；代码17＝代码18＋代码19＋代码20；代码21＝代码22＋代码25＋代码27＋代码29＋代码31＋代码33。

（2）农村经济收益分配统计表

此表全面反映农村经济的变化情况，通过它可以了解农村经济的发展规模、发展速度、经济结构及其变化情况。如表4－3所示。

表 4－3　农村经济收益分配统计表

表号：农市（经）年综 1 表
制表机关：农业部
批准机关：
批准文号：
有效期：
填报单位

指标名称	代码	计量单位	数量
甲	乙	丙	1
一、农村经济总收入	1	万元	
其中：出售产品收入	2	万元	
（一）按经营形式划分			
1. 乡（镇）办企业经营收入	3	万元	
2. 村组集体经营收入	4	万元	
其中：村办企业收入	5	万元	
3. 农民家庭经营收入	6	万元	
4. 农民专业合作社经营收入	7	万元	
5. 其他经营收入	8	万元	
（二）按行业划分			
1. 农业收入	9	万元	
（1）种植业收入	10	万元	
其中：出售种植业产品收入	11	万元	
（2）其他农业收入	12	万元	
2. 林业收入	13	万元	
其中：出售林业产品收入	14	万元	
3. 牧业收入	15	万元	
其中：出售牧业产品收入	16	万元	
4. 渔业收入	17	万元	
其中：出售渔业产品收入	18	万元	
5. 工业收入	19	万元	
6. 建筑业收入	20	万元	
7. 运输业收入	21	万元	
8. 商饮业收入	22	万元	
9. 服务业收入	23	万元	
10. 其他收入	24	万元	

（续表）

指标名称	代码	计量单位	数量
甲	乙	丙	1
二、总费用	25	万元	
其中：1. 生产费	26	万元	
2. 管理费	27	万元	
三、净收入	28	万元	
四、投资收益	29	万元	
五、农民外出劳务收入	30	万元	
六、可分配净收入总额	31	万元	
（一）国家税金	32	万元	
（二）上缴国家有关部门	33	万元	
（三）外来投资分利	34	万元	
（四）外来人员劳务收入	35	万元	
（五）企业各项留利	36	万元	
（七）乡村集体所得	37	万元	
（八）农民经营所得	38	万元	
七、农民从乡镇级集体企业得到收入	39	万元	
八、农民从集体再分配收入	40	万元	
九、农民所得总额	41	万元	
农民人均所得	42	元	
十、附报：从集体外获转移性收入	43	万元	

单位负责人：　　统计负责人：　　填表人：　报出日期：201　年　月　日

填报说明：指标平衡关系：代码 1 = 代码 3 + 代码 4 + 代码 6 + 代码 7 + 代码 8 = 代码 9 + 代码 13 + 代码 15 + 代码 17 + 代码 19 + 代码 20 + 代码 21 + 代码 22 + 代码 23 + 代码 24 = 代码 25 + 代码 28；代码 9 = 代码 10 + 代码 12；代码 31 = 代码 28 + 代码 29 + 代码 30 = 代码 32 + 代码 33 + 代码 34 + 代码 35 + 代码 36 + 代码 37 + 代码 38；代码 41 = 代码 38 + 代码 39 + 代码 40。

注：本表在村级填报时，代号 3 不填；在乡镇级填报时，代号 39 不填（应填代号 3）。

（3）农村土地承包经营及管理情况统计表

此表目的是要全面、系统地了解我国家庭承包经营制度的基本状况和发展动态，此表采用全面调查的统计的方法。如表 4－4 所示。

表 4-4　农村土地承包经营及管理情况统计表

表号：农市（经）年综 8 表
制表机关：农业部
批准机关：
批准文号：
有效期：
填报单位：

指标名称	代码	计量单位	数量
甲	乙	丙	1
一、耕地承包情况			
（一）家庭承包经营的耕地面积	1	亩	
（二）家庭承包经营的农户数	2	户	
（三）家庭承包合同份数	3	份	
（四）颁发土地承包经营权证份数	4	份	
其中：以其他方式承包颁发的	5	份	
（五）机动地面积	6	亩	
二、家庭承包耕地流转情况			
（一）家庭承包耕地流转总面积	7	亩	
1. 转包	8	亩	
2. 转让	9	亩	
3. 互换	10	亩	
4. 出租	11	亩	
5. 股份合作	12	亩	
6. 其他形式	13	亩	
（二）家庭承包耕地流转去向			
1. 流转入农户的面积	14	亩	
2. 流转入专业合作社的面积	15	亩	
3. 流转入企业的面积	16	亩	
4. 流转入其他主体的面积	17	亩	
（三）流转用于种植粮食作物的面积	18	亩	
（四）流转出承包耕地的农户数	19	户	
（五）签订耕地流转合同份数	20	份	
（六）签订流转合同的耕地流转面积	21	亩	

（续表）

指标名称	代码	计量单位	数量
甲	乙	丙	1
三、仲裁机构队伍情况			
（一）仲裁委员会数	22	个	
其中：县级仲裁委员会数	23	个	
（二）仲裁委员会人员数	24	人	
其中：农民委员人数	25	人	
（三）聘任仲裁员数	26	人	
（四）仲裁委员会日常工作机构人数	27	人	
其中：专职人员数	28	人	
四、土地承包经营纠纷调处情况			
（一）受理土地承包及流转纠纷总量	29	件	
1. 土地承包纠纷数	30	件	
（1）家庭承包	31	件	
其中：涉及妇女承包权益的	32	件	
（2）其他方式承包	33	件	
2. 土地流转纠纷数	34	件	
（1）农户之间	35	件	
（2）农户与村组集体之间	36	件	
（3）农户与其他主体之间	37	件	
3. 其他纠纷数	38	件	
（二）调处纠纷总数	39	件	
其中：涉及妇女承包权益的	40	件	
1. 调解纠纷数	41	件	
（1）乡镇调解数	42	件	
（2）村民委员会调解数	43	件	
2. 仲裁纠纷数	44	件	
（1）和解或调解数	45	件	
（2）仲裁裁决数	46	件	

（续表）

指标名称	代码	计量单位	数量
甲	乙	丙	1
五、附报：			
1. 当年征收征用集体土地面积	47	亩	
其中：涉及农户承包耕地面积	48	亩	
①涉及农户数	49	户	
②涉及人口数	50	人	
2. 当年获得土地补偿费总额	51	万元	
（1）留作集体公积公益金的	52	万元	
（2）分配给农户的	53	万元	
其中：分配给被征收征用农户的	54	万元	

单位负责人：　　统计负责人：　　填表人：　报出日期：201 年　月　日

填报说明：指标平衡关系：代码 7 = 代码 8 + 代码 9 + 代码 10 + 代码 11 + 代码 12 + 代码 13 = 代码 14 + 代码 15 + 代码 16 + 代码 17；代码 29 = 代码 30 + 代码 34 + 代码 38；代码 30 = 代码 31 + 代码 33；代码 34 = 代码 35 + 代码 36 + 代码 37；代码 39 = 代码 41 + 代码 44；代码 41 = 代码 42 + 代码 43；代码 44 = 代码 45 + 代码 46；代码 51 = 代码 52 + 代码 53。

（4）村集体经济组织资产负债情况统计表

此表总括反映村集体经济组织年末财务状况，从而为各方面的管理活动提供经济信息。如表 4－5 所示。

表 4－5　村集体经济组织资产负债情况统计表

表号：农市（经）年综 7 表

制表机关：农业部

批准机关：

批准文号：

有效期：

填报单位：

资产	代码	计量单位	数量
甲	乙	丙	1
一、流动资产合计	1	万元	
1. 货币资金	2	万元	
2. 短期投资	3	万元	
3. 应收款项	4	万元	
4. 存货	5	万元	

（续表）

资产	代码	计量单位	数量
甲	乙	丙	1
二、农业资产合计	6	万元	
1. 牲畜（禽）资产	7	万元	
2. 林木资产	8	万元	
三、长期资产合计	9	万元	
1. 长期投资	10	万元	
2. 固定资产合计	11	万元	
其中：当年新购建的	12	万元	
（1）固定资产原值	13	万元	
（2）减：累计折旧	14	万元	
（3）固定资产净值	15	万元	
（4）固定资产清理	16	万元	
（5）在建工程	17	万元	
3. 其他资产	18	万元	
四、资产总计	19	万元	

负债及所有者权益	代码	计量单位	数量
甲	乙	丙	1
一、流动负债合计	20	万元	
1. 短期借款	21	万元	
2. 应付款项	22	万元	
3. 应付工资	23	万元	
4. 应付福利费	24	万元	
二、长期负债合计	25	万元	
1. 长期借款及应付款	26	万元	
2. “一事一议”资金	27	万元	
三、所有者权益合计	28	万元	
1. 资本	29	万元	
2. 公积公益金	30	万元	
3. 未分配收益	31	万元	

（续表）

负债及所有者权益	代码	计量单位	数量
甲	乙	丙	1
四、负债及所有者权益合计	32	万元	
附报：			
1. 经营性固定资产原值	33	万元	
2. 负债合计	34	万元	
其中：（1）经营性负债	35	万元	
（2）兴办公益事业负债	36	万元	
其中：①义务教育负债	37	万元	
②道路建设负债	38	万元	
③兴修水电设施负债	39	万元	
④卫生文化设施负债	40	万元	
3. 当年新增负债	41	万元	

单位负责人：　　统计负责人：　　填表人：　　报出日期：201 年　月　日

填报说明：指标平衡关系：代码 1 = 代码 2 + 代码 3 + 代码 4 + 代码 5；代码 6 = 代码 7 + 代码 8；代码 9 = 代码 10 + 代码 11 + 代码 18；代码 11 = 代码 15 + 代码 16 + 代码 17；代码 15 = 代码 13 – 代码 14；代码 19 = 代码 1 + 代码 6 + 代码 9；代码 20 = 代码 21 + 代码 22 + 代码 23 + 代码 24；代码 25 = 代码 26 + 代码 27；代码 28 = 代码 29 + 代码 30 + 代码 31；代码 32 = 代码 20 + 代码 25 + 代码 28；代码 19 = 代码 32；代码 34 = 代码 20 + 代码 25。

2. 农户收入调查

农户收入调查主要是对农民收入状况及其来源和农民家庭经营各业收支状况进行调查，及时了解农户收入情况数据信息，从总体上把握和客观判断农民收入水平、收入结构、收入增长的趋势及来源。以江西省为例，农户调查采取抽样调查方法，全省选择 12 个县，每个县选择 3 ~ 5 个村共 90 户中等收入水平的农户，每季度进行一次调查，需要报送季报、半年预报和全年预报 3 种报表。为保证调查工作质量和资料的连续性，调查县、村、户应相对固定，不能随意调整。如表 4 – 6 所示。

表4－6 农户收入情况（预测）表

指标名称	代码	金额	比上年±%
一、家庭经营收入	1		
其中：现金收入	2		
1. 农业收入	3		
其中：种植业收入	4		
2. 林业收入	5		
3. 牧业收入	6		
4. 渔业收入	7		
5. 第二产业收入	8		
6. 第三产业收入	9		
二、家庭经营支出	10		
1. 农业支出	11		
其中：种植业支出	12		
其中：农业税	13		
2. 林业支出	14		
3. 牧业支出	15		
4. 渔业支出	16		
5. 第二产业支出	17		
6. 第三产业支出	18		
三、家庭经营纯收入	19		
四、报酬性收入	20		
其中：在本乡镇外获报酬收入	21		
在本乡镇内获报酬收入	22		
五、财产性收入	23		
六、转移性收入	24		
七、纯收入	25		
八、人均纯收入	26		
附报：			
家庭人口	27		
家庭劳动力	28		
外出务工劳动力	29		

注：1. 代码1＝代码3＋代码5……＋代码9，代码10＝代码11＋代码14＋……＋代码18，代码19＝代码1－代码10，代码25＝代码19＋代码20＋代码23＋代码24，代码26＝代码25/代码27

2. “农村居民”：是指户口在乡、村的常住居民。不包括在乡、村地区内的国家所有的机关、团体、企事业单位的集体户。

3. 该表代号13“农业税”为零。

第二节　农村集体经济审计

一、农村集体经济审计概述

1. 农村集体经济审计概念及原则

（1）农村集体经济审计的概念

农村集体经济审计，是指农村集体经济组织管理部门的专门机构和人员，依照国家法律法规和有关政策规定，按照一定程序，运用专门方法，对农村集体经济组织及其下属单位的财务收支和经营活动的真实性、合法性和经济效益进行审查，并作出客观评价，严肃财经法纪，改善经营管理，提高经济效益，保护集体经济组织及其成员合法权益的经济监督行为，简称农村集体经济审计。农村集体经济审计的概念可以从以下方面理解：

①审计主体具有独立性、农村集体经济审计机构和人员属于相对独立的第三方，不参与农村集体经济组织的生产经营活动。

②农村集体经济审计是一种经济监督行为。在现阶段，农村集体经济审计不仅是财务审计，而且是财务审计、业务审计、管理审计、经济责任审计四者相结合的综合经济监督行为。

③审计依照的是国家法律法规和有关政策规定。农村集体经济审计是依法审计，依据的是农民负担管理条例、农村集体经济组织审计规定、财务制度、会计制度等国家法律法规。

④农村集体经济审计的实施主体具有特定性。农村集体经济审计的业务指导工作由县级以上人民政府农村经营管理部门负责，一般在县、乡（镇）两级农村经营管理部门设立农村集体经济组织审计机构具体开展审计业务。

⑤农村集体经济审计的对象具有特定性。农村集体经济审计监督的对象主要是农村集体经济组织及其所属单位。

⑥农村集体经济审计的方法具有多样性。农村集体经济审计采取的方法主要包括查账、核对、盘点、询证、抽查、详查、调查、评价等。

⑦农村集体经济审计往往要形成审计结论。审计工作结束后，应当及时作出审计结论并形成书面报告，内容包括审计结论、处理意见、改进建议等。

（2）农村集体经济审计的原则

审计原则是审计工作必须遵循的准绳和行为规范。农村集体经济审计原则除具备一般审计工作原则外，还有其特殊性，主要体现为：

①独立性原则。农村集体经济审计机构，在上级政府和主管部门的领导下，依照国家法律法规、政策，独立开展审计工作，其他部门和个人不得干涉，审计机构独立承担审计职能，对直接领导和主管部门负责。

②合法性原则。农村集体经济审计证据的取得必须符合法定程序，审计结论必须符合相关要求，没有法律依据的审计结论不具备合法性。

③客观性原则。开展农村集体经济审计，必须以事实为依据，如实反映经济活动的本来面目，审计调查和审计结论都不能带有个人偏见。审计人员必须坚持原则，客观公正，真实反映审计结果。

④群众性原则。开展农村集体经济审计必须坚持走群众路线，吸收民主理财人员及其他群众广泛参与，到群众中发现审计线索，取得有效的审计证据；审计结果及时反馈给农民群众，得到群众的支持和拥护，才能达到审计目的。

⑤权威性原则。审计意见得到有效落实，切实发挥审计监督作用，是农村集体经济审计权威性的重要体现，是农村集体经济审计工作的出发点和落脚点，也是树立农村集体经济审计良好形象的重要保证。

2. 农村集体经济审计对象及内容

农村集体经济审计的对象主要是村、组集体经济组织及其所属单位的经济活动。依照《农村集体经济组织审计规定》，并结合部分省份已经制定的农村集体经济组织审计地方法规，适应农村改革发展需要，农村集体经济审计的对象包括：

（1）农村集体经济组织及其所属单位；

（2）农村集体经济组织及其所属单位的负责人；

（3）农民专业合作组织；

（4）涉农收费相关部门；

（5）当地政府、上级业务主管部门、审计机关委托的其他被审计单位。

审计的具体内容是指审计监督的具体事项。根据有关法律法规和政策规定，结合农村集体经济组织发展状况，农村集体经济组织审计机构主要对被审计单位的下列事项进行监督：

（1）资金、财产的验证和使用管理情况；

（2）财务收支和有关经济活动及其经济效益；

（3）财务管理制度的制定和执行情况；

（4）承包合同的签订和履行情况；

（5）收益（利润）分配情况；

（6）承包费等集体专项资金的预算、提取和使用情况；

（7）村集体公益事业建设“一事一议”筹资筹劳情况；

（8）村集体经济组织负责人任期目标和离任经济责任；

（9）侵占集体财产等损害农村集体经济组织利益的行为；

（10）乡（镇）经营管理部门代管集体资金的情况；

（11）当地政府、审计机关和上级业务主管部门委托的其他审计事项。

3. 农村集体经济审计职能

农村集体经济审计的职能是指农村集体经济审计固有的功能，也是审计工作的根本属性。职能主要包括：①经济监督。审计最基本的职能是经济监督。经济监督，就是监察和督促被审计单位的全部经济活动在规定的范围内、正常的轨道上运行。对农村集体经济审计而言，就是要依法检查农村集体经济组织等被审计单位的经济活动是否符合国家法律法规和政策规定，是否存在违反财经纪律的现象，以保护集体合法权益，促进被审计单位加强管理，提高经济效益。②经济评价。经济评价，就是通过审查被审计单位的经济决策、计划方案、财务收支、经济效益等经济活动状况，对被审计单位财经纪律的执行、财务成果和经济效益、规章制度的建立和执行等情况，作出客观、全面的判断和评价，并提出改进措施和建议，帮助被审计单位落实经济责任，改善经营管理。③经济鉴证。经济鉴证，是指对被审计单位的财务报表及其他资料进行审查和验证，确定其财务状况和经营成果的真实性、公允性、合法性，并出具证明性审计报告，为审计授权人或委托人提供确切的信息，以取信于社会公众。

4. 农村集体经济审计组织形式

（1）农村集体经济审计机构

农村集体经济审计组织机构的设置，主要是依托各级农村经营管理部门建立起来的。随着农村经济的发展，农村集体经济审计机构的形式也呈多样化，主要有：

①以各级经管站为主，成立农村集体经济审计站。有的从经管站分出一部分人员，明确相应编制，独立开展工作；有的与经管站一套人马两块牌子，这种形式占较大部分。

②在农村经营管理部门下设立农村集体经济审计事务所，主要承担政府或经营管理部门委托的农村集体经济审计工作。

③没有设立农村集体经济审计机构，由经营管理部门承担农村集体经济审计职能。个别地方成立隶属于本级政府的农村经济审计站（局、所）。

（2）农村集体经济审计的人员

农村集体经济审计是一项政策性和专业性都很强的工作，要求审计人员必须具备良好的政治素质、业务水平和职业道德。

审计人员从业的基本条件：①有较高的政治素质。要求审计人员模范遵纪守法，廉洁奉公；有全心全意为人民服务的责任感和事业心；坚持原则，敢于同不正之风作斗争。②有较高的业务水平。要求审计人员熟悉与审计有关的法律法规、政策和规章制度；掌握财务会计理论和技术方法；具备较全面的经营管理知识和实际工作水平；熟悉审计业务和掌握审计方法；有较强的组织协调和语言文字表达能力等。③有扎实的工作作风。要求审计人员坚持实事求是，善于调查研究；走群众路线，接受群众监督；对工作认真负责，一丝不苟；在审计过程中既坚持原则，又能处理好同被审计单位和被审计人员的关系。

审计人员的职业道德：审计人员应根据社会主义精神文明建设的要求和审计工作的需要，自觉遵守职业道德。农村集体经济审计人员职业道德主要包括：①依法办事，坚持原则；②忠于职守，廉洁奉公；③实事求是，客观公正；④遵纪守法，保守秘密；⑤维护集体经济组织和农民的合法权益。

（3）农村集体经济审计人员的法律责任

明确农村集体经济审计人员的法律责任，有助于促进农村集体经济审计人员遵守职业道德，提高农村集体经济审计工作质量，保证审计结论的客观公正。

①农村集体经济审计人员的工作责任　农村集体经济审计人员执行审计任务的过程，就是履行工作责任的过程。一般而言，农村集体经济审计机构负责人对审计结论和整个农村集体经济审计组织的工作负有直接责任；农村集体经济审计机构的主要工作人员对确定审计项目、制定审计工作计划、确定审计工作程序和形成审计报告负有直接责任；所有现场审计工作人员都对自己负责的审计项目或区域的工作质量负有直接责任。

②农村集体经济审计人员的法律责任　农村集体经济审计人员依照国家法律法规和政策规定开展农村集体经济审计工作。国家法律法规和政策既赋予农村集体经济审计人员相应的权力，也赋予了农村集体经济审计人员相应的责任。如果因为农村集体经济审计人员的过失，未能发现和揭示被审计单位的重大错误，或者是农村集体经济审计人员故意错报，造成了经济损失，农村集体经济审计人员则要承担相应的民事甚至刑事责任，这就是农村集体经济审计人员的法律责任。

二、农村集体经济审计分类及方法

1. 农村集体经济审计分类

农村集体经济组织审计的分类标准很多，一般是根据审计内容、审计主体、审计时间和地点等标准进行多种分类。

（1）按照审计的内容分类

按农村集体经济组织审计内容分类，可分为财务审计、经济效益审计、财经法纪审计和经济责任审计。

①财务审计　指对被审计单位的财务收支活动和反映其经济活动的会计资料进行的审计。财务审计主要是判断被审计单位的经济活动包括财务收支活动的真实性、合法性和会计处理方法的一贯性。财务审计的具体对象主要包括对年度、日常以及会计报表、账簿、凭证等。财务审计目的在于促进农村集体经济组织按国家方针政策和财经法纪办事，加强财务管理，维护集体财产的安全完整。

②经济效益审计　农村集体经济组织经济效益审计主要是对生产经营成果、基本建设投资等方面的审计。经济效益审计目的主要是评价被审计单位的经济效益状况，促进被审计单位改善和加强经营管理、挖掘内部潜力、加强决策的科学性，不断提高农村集体经济组织经济效益。经济效益审计根据审计检查内容的不同，又可以分为业务经营审计和管理审计两个分支。

③财经法纪审计　指针对农村集体经济组织或个人严重违反财经法纪行为的开展的专案审计。比如对贪污盗窃、侵占国家、集体财产、重大损失浪费和损害国家利益的行为开展的专项审计就属于财经法纪审计。财经法纪审计的目的在于维护财经法纪，保护国家和人民财产的安全和完整。

④经济责任审计　指对农村集体经济组织负有经济责任的人员进行审计。经济责任审计的主要对象是农村集体经济组织负责人、农村集体经济组织所属企业厂长（经理）及经营负责人的经济责任、任期目标和离任责任等。经济责任审计的目的是考核责任人的经济责任落实情况，促进经济责任人严格执行政策，奉公守法，按期完成任务，发展壮大集体经济，为村民谋福利，同时也为相关人员职务晋升提供依据。

（2）按照审计的执行机构分类

按照农村集体经济组织审计的执行机构分类，可分为内部审计和外部审计。

①内部审计　农村集体经济组织内部审计，主要是指在农村集体经济组织负责人领导下，由农村集体经济组织内部审计人员对本组织经济活动等开展的审

计。内部审计人员由本单位财会人员以外的人员担任，比较熟悉情况，因而容易发现问题，有利于查错防弊，加强内部管理。但内部审计往往受到本单位利益的制约，审查难以彻底，发现问题也难以处理。

②外部审计　农村集体经济审计体现外部审计功能，主要依据地方法规规章的规定，包括 3 个方面：农村经营管理部门的审计机构和审计人员对农村集体经济组织的审计；委托社会审计组织对农村集体经济组织涉及经济案件的有关事宜进行的审计；国家审计机关对农村集体经济组织使用农田水利资金、救灾资金等财政资金进行的审计。外部审计工作能够依法独立开展，可以不受被审计单位的干预，监督较为有力，审计处理意见能够得到较好落实。

（3）按审计进行的时间分类

按审计进行的时间分类，可分为事前审计、事中审计、事后审计。

①事前审计　指审计机构或审计人员在经济业务发生前，对经营计划、预算方案、经济合同等内容的可行性、合理性和正确性进行的审计。

②事中审计　指在计划、预算或投资项目执行过程中，对相关经济活动进行的审计。比如费用预算、消耗定额执行过程的审计以及基本建设项目施工阶段的审计都属于事中审计。事中审计既是前一阶段经济活动的事后审计，又是后一阶段经济活动的事前审计。事中审计的优点是随时审查，随时发现错误和问题，及时纠正和控制，从而实现对经济活动的实时控制。

③事后审计　指经济业务发生后开展的审计，即在一个会计期间终了或基建工程竣工后，对被审计单位的财务报表和工程决算报告进行的审计。事后审计目的主要是根据有关审计证据，审查已经发生的经济业务的真实性、合法性和经济效益。事后审计的审计资料较为齐全，审计证据较为充分，因而审计结果较为可靠。事后审计是国家政府审计、内部审计和社会审计的主要形式。

（4）按照审计的范围分类

按照审计的范围划分，可以分为全部审计和局部审计。

①全部审计　指对被审计单位某一时期的全部经济活动的真实性、合法性和经济效益进行的审计。全部审计的优点在于审查范围广泛，详细彻底，有利于全面评价被审计单位的经济活动，审计效果较好。但全部审计工作量较大，费时费力，除了需要详查的重大案件外，一般不采用。

②专项审计　指对部分会计资料及其所反映的经济活动的真实性、合法性和经济效益进行的审计。这类审计一般都有特定的目的。由于审计的内容仅限于与其特定目的有关的经济活动和会计资料，因而审计结果容易发生失误。专项审计对被审计单位所作的评价也是局部的，不是全面的。专项审计只要达到预定目

的，就可以宣告结束。

（5）按照审计工作是否定期开展分类

按照审计工作是否定期开展划分，可分为定期审计和不定期审计。

①定期审计　指每到一定时间都要进行的审计。定期审计的第一次审计，往往被称为初次审计，以后各次审计，被称为继续审计。初次审计的工作量较大，继续审计因有初次审计的基础资料，工作量可适当减少。

②不定期审计　指不确定审计时间，临时进行的审计。不定期审计一般是由于特殊需要或临时任务而进行的非计划内的审计。比如发现某部门、某单位有严重违反财经法纪的行为，审计机关进行突击性审计，或者根据司法机关的委托，对某项案件进行专案审计等都属于不定期审计。

（6）按照执行审计的地点分类

按照执行审计任务的地点划分，可分为报送审计和就地审计。

①报送审计　指被审计单位将各项预算、计划、会计报表和其他资料，按照规定的日期（月、季、年）送达审计机构进行审计，亦称送达审计。送达审计一般适用于行政事业经费收支审计。情节严重的财经法纪审计，则不宜采用。

②就地审计　指由审计机构派出审计人员到被审计单位进行的现场审计。就地审计一般适用于经济活动频繁、审计内容较多，且有些项目需要通过实地审查才能确定问题性质的审计对象。经济效益审计和专题（案）审计一般采用就地审计方式。就地审计是国家审计机关、内部审计部门和社会审计组织审计的主要类型。就地审计按照不同的情况，又可分为：驻在审计，即审计机关派出审计人员常驻在被审计单位进行的经常性审计；巡回审计，即由审计小组对一个地区内的单位，依次轮流进行审计；专程审计，即审计人员为了查明某些问题，专程到被审计单位进行的审计。

2. 农村集体经济审计方法

审计方法是指在审计过程中，审计人员收集审计证据所运用的方法和手段的总称。目前，我国常用的审计方法，按照审计工作的先后顺序、审计工作的范围或繁简程度，分为一般方法和技术方法。

（1）审计的一般方法

审计的一般方法，按照审计取证的顺序与会计业务处理程序的关系，有顺查法和逆查法之分；按照审查经济业务资料的规模和收集审计证据的范围大小，审计方法又有详查法和抽样法之分。

①顺查法与逆查法

顺查法，又称正查法，是指取证顺序与反映经济业务的会计资料形成过程相一致的方法。首先审查核对原始凭证和记账凭证，其次将记账凭证与明细账、日记账和总账进行核对，最后将总账、明细账和会计报表进行核对以及进行报表分析。对审查核对中发现的问题，应进一步分析原因，查明真相。顺查法由于审查工作细致、全面，不易发生疏漏。所以，对于内部控制制度不够健全、账目比较混乱、问题较多的被审计单位，顺查法较为适宜。其缺点是工作量大，费时费力，不利于提高审计效率、降低审计成本。

逆查法，亦称倒查法，是指取证顺序与反映经济业务的会计资料形成过程相反的方法。先从审阅、分析会计报表人手，根据发现的问题和疑点，确定审计重点，再来审查核对有关账册和凭证，而不必逐一审查报表中的所有项目。逆查法的优点在于可以节省审计的时间和人力，有利于提高审计工作效率和降低审计成本。缺点是要求审计工作人员必须具有一定的分析判断能力和实际工作经验。如果审计人员分析判断能力较差，经验不丰富，往往在审阅报表过程中难以发现问题，或者分析判断不正确，以致于影响审计效果。

顺查法和逆查法各有不足之处。在审计工作中，应当将两者结合起来运用，取长补短，提高审计效果和审计效率。

②详查法与抽样法

详查法，是指对被审计单位一定时期内的全部会计资料包括会计凭证、账簿和报表，进行详细审查，以判断被审计单位经济活动的合法性、真实性和经济效益的方法。详查法的优点是容易查出问题，审计风险较小。缺点是工作量较大，审计成本较高。所以，在实际工作中，一般只有对问题严重、需彻底检查以及经济活动很少的小型企事业单位审计时采用。

抽样法，是指从被审计单位一定时期内的会计资料包括会计凭证、账簿和报表，按照一定的方法抽出其中一部分进行审查，借以推断总体有无错误和舞弊，进而判断评价被审计单位经济活动的合法性、真实性和经济效益的方法。运用抽样法时，若在抽查的样本中没有发现明显的错弊，则对未抽取的会计资料可不再审查。反之，则应扩大抽样范围，或改用详查法。抽样法的优点是可以减少工作量，降低审计成本。缺点是有较大的局限性，如果样本选择不当，就会使审计人员作出错误的结论，审计风险较大。为了避免发生这种情况，采用抽查法时审计人员通常要对被审计单位的内部控制制度进行评价，增强审计结论的可靠性。常用的样本选取的方法有任意选样、判断选样和随机选样等。在实践中，它们往往结合起来使用。

（2）审计的技术方法

是指审计人员收集审计证据时采取的技术手段或方法，一般包括检查、监盘、观察、查询及函证、计算和分析性复核等。

①检查是审计人员审阅与核对会计记录和其他书面资料的行为。

②监盘，即监督盘点，指审计人员现场监督被审计单位盘点实物、现金及有价证券等资产，并进行适当的抽查。盘点是验证账实是否相符的重要方法。盘点主要有突击盘点和通知盘点两种方式。突击盘点一般适用于现金、有价证券及其他贵重物品的盘点。通知盘点适用于固定资产、在产品、产成品和其他财产物资的盘点。盘点对象如果不在统一地点，应当同时盘点，以防止被审计单位转移实物。对已经清点的对象应做好标记，以免重复盘点。一般而言，盘点工作应由被审计单位进行，审计人员现场监督。对于重要项目，审计人员还应在经管人员在场情况下进行抽查，并做好抽查记录。盘点结束后，审计人员应会同被审计单位有关人员编制盘点清单，并根据盘点情况调整账面记录。盘点清单作为审计报告的附件。审计人员监盘实物资产时，应同时关注其质量及所有权。

③观察是审计人员实地查看被审计单位的经营场所、实物资产、有关业务活动及其内部控制执行情况的行为。

④查询及函证。查询，即审计人员对有关人员进行的书面或口头询问。函证，是审计人员为印证被审计单位会计记录记载事项的真实性，向第三方发出询证函的行为。如果对方没有回函或者审计人员对回函结果不满意，审计人员应实施替代审计程序，以获取必要的审计证据。

⑤计算是审计人员对被审计单位原始凭证及会计记录中的数据所进行的验算或另行计算。计算的内容包括：会计凭证中的小计数和合计数；账簿中小计数、合计数和余额数；报表中的合计数、总计数和比率数；有关计算公式的运用结果等。账簿中的承前和续后的合计数必须重算，防止记账人员舞弊。

⑥分析性复核是指审计人员对被审计单位重要的比率或趋势进行的分析，包括调查异常变动，重要比率、趋势与预期数额的差异。分析性复核常用的方法有绝对数比较分析和相对数比较分析两种。

3. 审计方法与审计分类的关系

审计按照不同标准，可以分为多种类型。不同类型的审计，其采用的审计方法也有所不同。只有正确处理好审计方法与各类审计之间的关系，才能取得充分、有效的审计证据，达到预期目标。

全部审计由于审计范围广泛，采用详查法，工作量大，费时费力，并且效果不一定优于抽样法。因此，除特殊情况外，一般适宜采用抽样法。如局部审计，特别是专案审计，由于审计范围不大，审计工作量不大，为了保证审计质量，一般可以采用详查法，进行全面审计。详查法与抽样法有时可以相互转换。局部审计中，对于已发现的情节严重的违反财经法纪的事项，可以扩大审查范围，进行详查。全部审计时，对于数量大、金额小的审计事项，可以进行抽样审计。

事前审计时，一般可以采用分析性复核。事后审计主要是对期末财务报表的审计，一般可以采用检查、查询和函证等方法。事中审计可以采用的审计方法比较广泛，基本上包括了所有的技术方法。财经法纪审计一般是局部审计，通常采用详查法。经济效益审计一般以抽样法为主。

各类审计目的和作用有所不同，但在审计实践中，它们是相互联系，相互交错的。因而，审计时只有结合各种审计方法的特点，综合加以运用，才能收到较好的效果。

三、农村集体经济审计程序

1. 审计程序概述

农村集体经济审计程序有广义和狭义之分。广义的审计程序，是指审计工作从开始到结束的工作步骤、内容和顺序。狭义的审计程序，是指为了获取审计证据所采取的审计方法与审计内容的结合。审计程序按照时间顺序，可以划分为3个阶段：准备阶段、实施阶段和终结阶段。主要包括以下内容：

（1）编制审计项目计划

农村集体经济审计机构应根据同级人民政府和上级业务主管部门的要求，结合当地农业农村经济工作中心任务，确定整个年度的工作重点和审计项目，编制审计计划，对辖区内的审计对象，有计划、有步骤、分期分批进行审计。

（2）制订工作方案

农村集体经济审计机构应根据年度审计项目计划，组成审计工作小组，拟定审计工作方案，确定审计事项、范围、时间和内容，经有关部门批准后实施。

（3）下达审计通知书

审计方案确定或审批后，农村集体经济审计机构应当向被审计单位下达审计通知书，通知被审计单位。被审计单位接到通知后，应积极做好相关准备，提供必要的工作条件，配合做好相关工作。

（4）收集审计证据

审计小组和审计人员通过审查会计凭证、账簿、会计报表，查阅与审计事项有关的文件、资料，检查现金、实物、有价证券，向有关单位和个人进行调查，收集、整理审计证据。

(5) 提出审计报告

审计小组对审计事项进行审计后，要根据审计的情况、发现的问题及获取的各种证明材料，进行综合分析，向农村集体经济审计机构提交审计报告。

(6) 作出审计决定

农村集体经济审计机构应审定审计报告，对审计报告作出评价，作出审计结论和决定，出具审计意见书，通知被审计单位和有关单位执行，并向农民群众公布。

(7) 检查执行情况

农村集体经济审计机构应当定期检查审计决定的执行情况。

(8) 建立审计档案

各级农村集体经济审计机构必须对办理的审计事项建立审计档案，确定保管期限，以备查考。未经批准，不得任意销毁。

2. 审计准备阶段

农村集体经济审计的准备阶段，是指审计人员到达被审计单位前，事先做好有关准备工作的阶段。审计的准备阶段一般包括编制审计项目计划、制定审计工作方案、下达审计通知书等几个方面。

(1) 编制审计项目计划

农村集体经济审计项目计划，是农村集体经济审计机构一定时期（通常为一年）对需要审计的事项所作的具体规划。

①确定审计项目　农村集体经济审计机构开展审计工作，通常是按照审计项目组织实施的。选择和确定农村经济审计事项，要紧紧围绕中央农业农村工作重点，并结合当地发展目标和工作中心。

②了解被审计单位情况　审计项目确定后，农村集体经济审计机构应当针对审计项目，采取查阅被审计单位的有关资料、与被审计单位的有关负责人及有关人员沟通等方法初步调查了解被审计单位的基本情况。

③确定审计项目计划的内容　初步调查完成后，应根据有关资料编制审计项目计划，审计项目计划一般由文字和表格两部分组成。文字部分主要包括制定审计项目计划的依据和指导思想，审计工作的重点和要求，完成审计任务的具体措施和要求，成审计工作的时间和预算安排等；表格部分主要包括被审计单位名称，被审计单位基本情况，审计目的和依据，审计事项，审计方式，实施步骤，时间安排，项目预算等。

(2) 制定审计项目实施方案

审计项目实施方案是审计项目工作的具体安排，指导和控制整个审计过程。

其主要内容包括审计依据和目标，审计范围和内容，审计方式和程序，审计人员和审计日期，审计工作底稿的索引号，工作步骤等。审计工作方案拟订后，必须经过农村集体经济审计机构负责人批准后方可实施，其修改、补充也必须按照规定程序批准后才能执行。

（3）下达审计通知书

审计通知书是农村集体经济审计机构向被审计单位发出的书面通知，是审计小组执行审计任务，行使审计监督权的凭证。

①审计通知书的内容　审计通知书应写明审计的内容、范围、方式、要求和时间安排等内容。就地审计要写明审计小组负责人和成员，委托审计应写明委托单位。审计通知书通常包括以下内容：审计通知书文号，密级；审计机关名称，被审计单位名称；审计负责人和审计小组成员；审计的时间，一般只写起始日期，必要时可写明预计终结日期；审计的范围和内容；对被审计单位的具体要求等。

②审计通知书的格式

审计通知书

密级：________　　　　　　　　（　　）审字第　号

________村（组）集体经济组织：

经研究决定，委派（或委托）________同志为审计项目负责人，________等同志为审计员，于________开始对你村（组）________________进行审计，请给予积极配合，并在接到本通知后________日内做好以下准备工作：

1.

2.

3.

特此通知

××县农村合作经济管理站

（或委托审计单位）签章

____年____月____日

抄送或抄报单位：

③有关规定　审计法规定，审计机构应当在实施审计的3日前，向被审计单

位送达审计通知书；被审计单位接到审计通知书后，应该按照通知书的要求，积极主动配合，整理有关文件、会计凭证、账册和报表等资料做好有关准备工作。

3. 审计实施阶段

农村集体经济审计实施阶段，是指审计通知书下达以后，审计人员组织实施审计工作的阶段，是审计过程中最主要的阶段，关系到整个审计工作的成败，是审计全过程的中心环节。审计实施阶段主要是获取审计证据，具体内容包括以下5个方面：

（1）收集有关资料

对调查收集到的各种资料，要分门别类加以登记，作为审查经济活动的原始资料和依据。同时，建立有关资料的借阅查询制度，防止资料丢失、涂改。资料登记簿的格式如表4-7所示。

表4-7　审计资料登记簿

资料名称	时间	编号	页码	登记时间	经手人	备注

（2）检查评价内部控制制度

检查和评价被审计单位内部控制制度是实施审计的基础，通过审查和评价生产经营活动和内部控制的适当性、合法性和有效性，以发现和解决被审计单位生产经营管理中存在的问题。

①检查内部控制制度　农村集体经济组织内部控制制度不是表现为某一项制度，而是体现在规章制度中的各种控制措施和办法，包括资金管理制度、资产管理制度、资源管理制度、民主管理和民主监督制度、经济责任追纠制度。审计人员应将收集到的内部控制制度整理分类，结合会计资料，检查内部控制制度是否健全，查找制度在贯彻执行中的薄弱环节。同时，审计人员可以采取调查问卷的形式，向被审计单位有关人员咨询。检查完成后，审计人员应当对被审计单位的内部控制制度作出总体判断。

②测试和评价内部控制制度　审计人员应凭借专业技能和职业素养实地测试内部控制制度，发现和分析问题。可以选择审计事项的样本，按照业务处理程序

亲自履行一遍，详细检查控制程序和相关制度，以证实内部控制制度的有效性。审计人员在检查和实地测试内部控制制度后，应根据收集到的资料和测试结果，分析被审计单位制度在贯彻执行中的薄弱环节，并对内部控制制度作出初步评价。

（3）取得审计证据

审计人员应当有重点、有目标地运用各种审计方法审查审计事项，获取充分、有效的审计证据，并在审计工作底稿中详细记载。取得审计证据是审计实施阶段的主要任务。审计人员在取证时，必须高度关注审计证据的证明力，有证明力的审计证据应当具备3个条件：①必须能直接或间接证明审计目的和结论；②证据本身必须真实可靠；③证据的来源可靠，必须以合法的手段从正当的渠道取得。

（4）做好审计工作记录

审计工作记录，是审计人员对审计过程中发现的各种有价值的信息所做的记录。

①审计工作记录的要求如下：

第一，内容真实。审计工作记录虽不完全等同于审计证据，但许多审计工作记录可以作为证据最终出现在审计报告中。因此，审计工作记录要实事求是地反映审计事项，不得弄虚作假。

第二，记录有价值。审计工作记录应围绕审计工作目的，对审计工作目的有较大证明力的事项，应当详细记载。

第三，能说明具体事项。无论是在何种情况下、对何种内容所做的记录，都要能够真实地反映某一具体事项，并注明该事项的出处，以便复核查证。

第四，履行必要的手续。审计时如果遇到的性质比较严重或涉嫌个人舞弊问题，审计人员除做好记录外，要进一步查对复核，取得相关证据，以证实记录的真实性和有效性，并应由审计小组负责人复核审签。

②审计工作记录的格式　根据记录的内容和要求，审计工作记录可分为会计资料审计工作记录、审计工作备忘录、审计调查记录3种。

第一，会计资料审计工作记录。即专门用于审计查账的工作记录，其格式和应用如表4－8所示：

表4－8　审计工作记录

年　月　日

项目	记账凭证		会计科目名称	原记录摘要	金额		发现的问题	处理意见
名称	日期	号码			借方	贷方		
记账凭证	2.8	09	银行存款	向信用社贷款修路	36 000		借款手续不全	进一步核查
			长期借款			36 000		
记账凭证	7.28	15	生产成本	仓库翻建	10 000		乱摊成本	限期改正
			应付款项			10 000		

审计工作人员：×××　　×××

第二，审计工作备忘录。即暂时性的临时审计笔录，专门记录审计过程中暂时未能解决的问题，待问题解决后再逐笔勾销。暂时不能解决的问题要及时提请主审人员作出处理决定，如需要进一步调查核实的问题应转入审计工作底稿。审计工作备忘录主要包括的内容有：审计日期、审计对象和内容、审计查出的问题、处理结果、主审人意见和审计人员签名等。

第三，审计调查记录。即审计人员以口头询问方式取得的证据，在记录口头证据时，应当注意：调查询问前，必须准备好调查询问提纲，确定重点问题；在调查询问过程中，要坚持实事求是，不带有个人偏见；调查询问的内容要如实记录，不掺杂个人意见。

（5）编制审计工作底稿

审计工作底稿，是审计人员对取得的证明材料经过分析、整理后按照一定格式编写的笔录，内容包括对审计中发现的问题所作判断和评价，对违纪问题依法提出的处理意见等。审计工作底稿既是审计报告的基础，也是控制审计工作质量的依据，还可供被审计单位以外的第三方审查。所以，编写审计工作底稿是审计过程中一项非常重要的工作。

4. 审计终结阶段

审计终结阶段，也称报告阶段，是审计程序的最后环节，是反映审计结果的阶段。审计终结阶段一般包括提交审计报告、作出审计决定、监督审计决定执行、建立审计档案等。

（1）提交审计报告

审计小组获取审计证据后，应及时整理和评价审计证据，将个别、分散的审计证据结合在一起，形成具有充分证明力的审计证据，并复核审计工作底稿，确定对审计证据的真实性与准确性的证明力，经过归纳分析，客观评价被审计单位的经济活动，得出正确的审计意见和结论。然后向农村集体经济审计机构提交审计报告。审计报告中一般包括审计目的、范围、结果、意见和建议。

（2）作出审计决定

农村集体经济审计机构在收到审计报告后，应认真研究，作出审计决定，并出具审计意见书。

①征求被审计单位意见　审计小组完成审计报告后，审计小组负责人应在审计报告上签字盖章。审计报告报送前，应当征求被审计单位的意见。被审计单位如果对审计报告有异议，应当在收到审计报告之日起10日内提出书面意见。

②上报农村集体经济审计机构　审计工作报告在征求被审计单位意见后，如果被审计单位提出书面意见，审计小组应当及时核实有关意见，进一步完善审计报告，并上报农村集体经济审计机构。重大审计事项的审计报告，应当分别报送同级人民政府、上级农村集体经济审计机构和有关部门。

③作出审计决定　农村集体经济审计机构应认真审定审计报告，分析和研究审计报告中的问题，作出审计结论和决定，出具审计意见书。一般情况下，审计决定有以下3种：对财务收支行为违反规定，并情节较轻的，应当指明并责令自行纠正；对违反财经纪律的事项，应在职权范围内作出处罚决定，及时下达给被审计单位，并抄送被审计单位的上级单位和有关部门；对违反党纪政纪和触犯法律的事项，连同审计报告，及时移送相关部门处理。

④申请复审　被审计单位对农村集体经济审计机构作出的审计决定如果有异议，可在收到审计意见书之日起15日内，向上一级农村集体经济审计机构提出复审申请。上一级农村集体经济审计机构应当在收到复审申请之日起30日内，作出复审结论和决定。特殊情况下，作出复审结论和决定的期限可以适当延长。复审期间，不停止原审计结论和决定的执行。复审结论和决定应当通知被审计单位并发给原审计机构。

（3）检查审计决定的执行

农村集体经济审计机构作出审计决定后，应在规定在期限到达被审计单位，检查审计意见书中的审计结论和决定的执行情况，并撰写执行情况报告。审计人员在检查审计决定执行情况时，如果发现漏审、错审或被审计单位有隐瞒事实行为，以及不执行审计结论等情况，可以再次进行审计。

（4）建立审计档案

审计工作终结时，审计人员应将所有的审计文件、资料，包括审计原稿、工作底稿及有关资料整理归档，建立审计档案，并妥善保管。审计档案的内容包括：①审计通知书和审计计划；②审计记录，工作底稿和审计证据；③反映被审计单位业务情况的书面文件；④审计报告及附件；⑤上级机关、领导对审计事项或审计报告的批复和意见；⑥审计意见书及执行情况报告；⑦被审计单位对审计意见和结论的不同意见的申诉和申请复审的材料；⑧其他相关资料。

审计文件资料要按审计案件设立卷宗或按被审计单位设立卷宗，按年份、类别、编号归档。审计档案要有专人专柜保管，注意安全。

四、审计证据与审计工作底稿

1. 审计证据

审计证据是指审计人员在对农村集体经济组织进行审计的过程中，依法采用各种方法和技术取得的、用以证明审计事项并作为形成审计结论基础的证明材料。审计证据是形成审计意见或作出审计结论的基础。审计证据的质量决定了审计工作的质量，做好取证工作是顺利完成审计任务的重要保证。审计证据必须同时具有客观性、相关性、合法性、充分性等特性，才能帮助审计人员对种类繁多的经济事实和资料作出正确的判断，防止主观性和片面性。

（1）审计证据的分类

对审计证据加以科学分类，有利于取得更合理、更有效、更具有证明力的证据，以达到较好的证明效果，促进审计工作的顺利完成。审计证据按照不同标准，可以进行多种分类，一般可分为以下几种类型：

①按照审计证据的形式，可以分为实物证据、书面证据、口头证据和环境证据。

②按照审计证据的相关程度，审计证据可以分为直接证据和间接证据。

③按照审计证据的来源，审计证据可以分为自然证据和加工证据。

（2）审计证据的鉴定

审计人员采取一定的方法取得审计证据后，接下来的工作是根据审计目标对审计证据逐个加以鉴定，筛选出具有充分证明力的审计证据。衡量审计证据的证明力强弱的标准主要有：审计证据的真实性，审计证据的重要性，审计证据的可信性，审计证据的经济性。

（3）审计证据的应用

审计证据的综合，就是将反映性质相同或相似问题的审计证据归集在一起，进行综合分析，以便从中得出一个比较正确的审计结论。例如，某种库存材料，实物证据即盘点表上列示的数字为10万元，书面证据即材料明细账记载的数字为

8.5 万元。实存数小于账面数，即盘点短缺 1.5 万元。根据仓库保管员的陈述，其中6 000元是材料损耗，但尚未办理报损手续，其余9 000元的短缺原因尚未查明。综合分析上述资料，审计人员对该仓库可以得出诸如“该仓库管理混乱，保管不善，内部控制不严，材料短缺、损耗严重”等结论。可见，通过对相关证据的综合分析，审计人员往往可以对审计事项从总体上，提出比较正确的意见和评价。

2. 审计工作底稿

审计工作底稿，是指审计人员在执行审计业务过程中，形成与审计事项有关的全部审计工作记录，是审计证据的载体。审计工作底稿是审计人员撰写审计报告、表达审计意见的根据。审计工作底稿应当真实、完整地反映审计人员实施审计的全过程，并记录与审计结论或者审计查处问题有关的所有事项，以及审计人员的专业判断及其依据。审计工作底稿主要起到便于审计人员组织审计工作、检查审计人员的工作、编写审计报告、进行复审的作用。

（1）审计工作底稿种类

审计工作底稿按性质和作用划分，一般分为综合工作底稿、业务工作底稿和备查类工作底稿。

①综合类工作底稿　综合类工作底稿，是指审计人员在审计计划和审计报告阶段，为规划、控制或总结审计工作并发表审计意见形成的综合性工作底稿。这类工作底稿主要包括审计通知书、审计计划、审计报告书初稿、审计总结等综合性的审计工作记录。

②业务类工作底稿　业务类工作底稿，是指审计人员在审计实施阶段执行具体审计程序过程中形成的工作底稿，主要包括审计人员在执行预备调查、符合性测试和实质性测试等审计程序时形成的工作底稿。

③备查类工作底稿　备查类工作底稿，是指审计人员在审计过程中形成的，对审计工作仅具有备查作用的工作底稿，主要包括与审计约定事项有关的法律文件、重要的会议记录和纪要、重要的经济合同和协议、企业营业执照、公司章程等原始资料副本或复印件。

（2）审计工作底稿的基本内容与编制要求

①审计工作底稿的基本内容　在审计实践中，不同的审计机构一般使用自己的审计工作底稿，审计工作底稿的形式是多种多样的，但一般具备以下内容：审计项目名称；被审计单位名称；审计工作的时间或地点；审计过程的记录；审计标志及其说明；索引符号和页码；编制者姓名及编制日期；复核者姓名及复核

时间。

②审计工作底稿的编制要求　具体项目的审计工作底稿可以由审计人员自行编制，也可以直接从被审计单位或其他单位取得，或者要求被审单位人员代为编制。审计人员编制的工作底稿应做到：内容完整、真实，重点突出；观点明确，条理清楚，用词恰当，字迹清晰，格式规范；审计工作底稿之间应当具有清晰的钩稽关系，相互引用时应注明索引号；审计工作底稿所附的证明材料应当经被审计单位或其他提供证明资料者的认定签字，如因特殊情况无法认定签字时，审计小组应当作出书面说明。

③审计工作底稿的复核　为确保审计工作底稿真实、完整和可靠，除按要求认真编制外，还应建立审计工作底稿复核制度。一份审计工作底稿往往由一位审计人员独立完成，编制者对资料的引用、有关事项的判断以及数据的计算，都可能出现差错。因此，审计工作底稿编制完成后，经过多层次复核是十分必要的。复核的主要内容包括：引用的资料是否可靠；获取的审计证据是否充分；审计程序和审计方法是否恰当；审计结论是否正确。复核人在复核工作底稿时，应作必要的复核记录，注明复核意见并签字盖章。复核人在复核过程中，若发现已执行的审计程序和审计记录存在问题，应要求有关人员予以答复、处理，并形成相应的审计记录。

五、农村集体资产审计

农村集体资产是乡（镇）村集体经济组织（以下简称集体经济组织）成员，在合作化初期以土地、耕畜、农具入股及以后长期劳动积累形成的能以货币计量的公共资产，包括各种财产、债权和其他权利。农村集体资产及其状况，直接关系到集体经济组织发展及其成员利益。

农村集体资产审计，主要是针对集体经济组织拥有的货币资金、存货、应收款、内部往来、长期或短期投资、固定资产、农业资产以及在建工程开展的审计，主要内容包括：①审核和评价各项资产内部控制制度是否健全、有效和一贯遵守；②查明各项资产是否确实存在，是否归被审计单位所有，核实资产的数量和数额；③检查各项资产的计价和会计核算是否正确；④检查各项资产的增减变动是否合法、合规；⑤审查各项资产在有关会计报表中的分类和披露是否恰当。

1. 货币资金审计

货币资金是集体资产中流动性最强的资产，主要包括现金和银行存款。村集体经济组织的绝大多数经济业务都直接涉及货币资金，如购买产品物资支付价款、借款或偿还债务、承包租赁房屋建筑物等，都是通过现金或银行存款的收付实现的。货币资金作为支付手段具有极大的诱惑力，是最容易成为贪污和挪用的资产。货币资金审计主要包括现金审计和银行存款审计。

（1）现金审计

我国对村集体经济组织收取、支付和留存现金都有明确规定，要求村集体经济组织必须严格执行《现金管理暂行条例》、《现金管理暂行条例实施细则》和《村集体经济组织会计制度》。现金审计主要包括以下几个方面：

①审核和评价现金管理的内部控制制度　审计人员应通过询问、调查等方式，了解村集体经济组织内部现金管理情况，重点关注以下几个方面：

第一，现金管理制度建立情况。村集体经济组织必须根据国家法律法规，并结合实际情况，建立健全现金内部控制制度。审计的重点是检查村集体经济组织是否建立了现金收入管理、现金开支审批、民主理财等相关制度。

第二，现金管理岗位责任制建设情况。村集体经济组织应当建立现金管理岗位责任制，明确各财务管理岗位的职责权限。审计的重点是审查村集体经济组织会计与出纳岗位是否单独设置，分工是否明确。通常情况下，会计人员负责现金总分类账、收入、费用、债权、债务等会计账簿的记录工作，出纳人员负责现金的收取、支付、保管、存取以及登记现金和银行存款日记账等工作。支票和财务印鉴应当分别保管。实行村会计委托代理的地方，要按照会计核算主体分设账户（簿）。

第三，现金收付业务控制措施。村集体经济组织向单位和农户收取现金必须手续完备，使用统一规定的收款凭证，当日收取的现金应及时存入银行，不准以白条抵库，不准坐支、挪用现金，不准公款私存。现金支出要有核准手续，每笔现金支出都要在规定的范围内使用，超过结算起点的支出应当转账结算。

第四，现金账册设置情况。应设置《现金日记账》和《现金总分类账》，现金日记账应根据审核无误、合法的收付凭证逐笔序时登记，并由出纳定期与会计的现金总分类账核对。库存现金不得超过规定限额，出纳人员应每日清点库存现金，并与账面数核对，保证账实相符。

在了解现金内部控制制度的基础上，审计人员应抽取部分收款凭证和付款凭证进行核对，审阅日记账和总账等账簿，评价被审计单位现金的内部控制情况，找出薄弱环节，确定审计重点。

②核实库存现金数额　是指检查村集体经济组织现金库存数额，主要监盘已经收到但尚未存入银行的现金和备用金。监盘时，被审计单位的出纳、负责人和民主理财小组成员必须参加。

③审查现金收付业务制度执行情况　审查现金收付业务是现金审计的重点。仅仅核实库存现金账实是否相符，不能查出全部问题。审计时应抽查部分收付款凭证和日记账，审查现金收付业务是否符合规定，手续是否完备。

④审查现金收付业务的合法性。

（2）银行存款审计

银行存款审计是对村集体经济组织存放在银行或其他金融机构的银行存款进行的审计。按照国家有关规定，村集体经济组织应当在当地金融机构开设账户，按规定办理结算业务。银行存款审计主要包括以下几个方面：

①审核和评价银行存款内部控制制度　审计人员应通过询问、观察等方式，了解村集体经济组织银行存款内部控制情况，重点关注以下几个方面：银行账户开设情况、财务制度执行情况、银行结算制度执行情况、银行存款账簿设置情况。审计人员在了解被审计单位银行存款内部控制制度的基础上，抽取部分收付款凭证和银行存款日记账，对相关内部控制制度进行实际测试和评价，找出薄弱环节，确定审计重点。

②核实银行存款数额　核实银行存款数额，是指检查村集体经济组织的银行存款，核对银行存款实有数额，具体包括：核实资产负债表上的“货币资金”项目数额与现金、银行存款日记账余额是否相符；核对银行存款日记账与总账余额是否相符；函证银行存款余额或核对银行存款日记账与银行存款对账单、银行存款余额调节表，核实银行存款数额。银行存款余额经调节后，若仍有差额，应追踪审查。

③审查银行存款收付业务　审查银行存款收付业务，重点审查银行存款收付业务的公允性和合法性，应将银行存款日记账的记录、银行存款收付凭证的内容及有关对应账户相互对照审核。

第一，审查银行存款收付款业务是否正确。抽取部分收款凭证，与银行存款日记账入账金额、日期进行核对，与银行存款对账单、应收款项明细账记录核对，查明实收金额与发票是否一致。抽取部分付款凭证，查明付款手续是否符合规定，银行存款日记账的付出金额是否正确，实付金额与购货发票是否相符，付款凭证与银行存款对账单、应付账款明细账是否一致等。

第二，审查银行存款收付款业务记账是否正确。抽查一定时期银行存款日记账的对应科目栏的记录，查明是否与对方科目记录一致。例如：以银行存款购买固定资产，应查看“固定资产”科目的相应记录是否相符，以确定银行存款的支付数额是否真实。

第三，抽查数额较大的银行存款收付业务。查明这些业务的原始凭证是否合法、内容是否真实、手续是否完备。抽查一定时期的银行存款日记账，检查是否与记账凭证和原始凭证所列内容相符。

第四，审查银行存款支付事项的合法性。重点审查：购货发票及入库凭证是否真实、金额是否相符，所欠债务是否真实，提取现金发放工资，支票金额是否与工资实发金额相符，有无套取现金现象等。

第五，审查银行存款收入事项的合法性。重点审查：银行回单是否全部及时入账、有无挪用公款情况，各项收款是否与本单位业务相关，有无私设小金库现象等。

第六，抽查一定期间的银行存款日记账与总账核对，查明计算、加总是否正确，账账是否相符。

2. 存货审计

存货也称库存物资，主要包括种子、化肥、燃料、农药、原材料、机械零配件、低值易耗品、在产品、农产品和工业产成品等，是村集体经济组织流动资产的重要组成部分。存货的真实正确与否，将对会计报表的可信性产生重要影响。村集体经济组织存货审计主要包括：审核和评价存货的内部控制制度是否健全有效，核实存货数额，审查存货收付业务的合法性，检查存货在报表日是否存在、是否确属于被审计单位所有，存货业务记录是否完整、计价是否正确，存货在会计报表上的披露是否恰当。

在审核和评价存货的内部控制制度时，应重点关注以下几个方面：存货实物流转程序的制度建设情况，主要包括采购、入库、发货、保管等方面的制度和规定；存货流转记录程序的制度建设情况，主要包括：会计记录、成本会计控制、定期盘点和核对账簿记录等。

核实存货的实有数，主要审查存货账目、盘点存货实物、检查存货计价等。

存货购进、收发均会引起存货数额的增减变化，因此必须对存货的收发业务进行审查。①存货购进的审查，主要检查是否有请购单，是否经村民主理财小组审核、领导批准；与供应单位是否签订了合同，采购价格是否合理，付款方式是否遵守有关规定。特别应侧重于审查采购价格的合理性，以及采购中有无舞弊行为。②存货入库的审查，主要检查验收部门是否认真履行职责，计价是否合理，领用和退回手续是否齐全等。③存货出库的审查，应注意出库是否填写出库单。办理了审批手续，收发人员是否签字，计价是否合理等。

3. 应收款审计

应收款项是村集体经济组织因销售商品、提供劳务等发生的应收及暂付款项，是村集体经济组织资产的一部分。包括：村集体经济组织与外部单位和个人发生的应收及暂付款项；村集体经济组织与所属单位和农户发生的应收及暂付款项。应收款项审计，不仅有利于加速资金周转，减少资金占用，促进资产保值增值，而且有利于确定应收款的真实性和收回的可能性，防止发生呆账、坏账及舞弊行为。

村集体经济组织应收款项审计主要包括：审核和评价应收款项内部控制制度是否健全有效；审核应收款项期末余额是否真实；审核应收款项的增减变动是否合规等。审计时应特别关注挂账时间长和数额较大的应收款项。

4. 对外投资审计

对外投资是指将村集体资金及其资产投资于有价证券或其他单位。对外投资是村集体经济组织资产的一部分，对集体资产和收益有重大影响。

村集体经济组织对外投资审计主要包括：审核和评价对外投资内部控制是否健全有效，手续是否完备；对外投资的入账价值和期末计价是否正确；持有期间对投资收益的处理是否正确；对外投资的处置或转让是否合规合法，会计处理是否正确；初始投资成本与投资额之间的差额处理是否正确。

5. 固定资产审计

固定资产是指村集体经济组织拥有的使用年限在一年以上，单位价值在 500 元以上的房屋、建筑物、机器、设备、工具、器具和农业基本建设设施等劳动资料。固定资产在村集体经济组织资产总额中占有较大比重，是村集体经济组织生产与发展的重要物质基础。对固定资产的审计，有利于提高会计信息质量，保护固定资产的安全和完整，保证固定资产及时得到更新和修理，提高固定资产使用效率。

固定资产审计的内容主要包括：①固定资产的入账价值、会计记录、支付账款等处理是否正确；②在使用中，是否按照规定提取折旧、进行维护；③固定资产的减少是否在固定资产清理科目核算，出售、转让或报废时损益的确认是否正确；④对外投资时投资价值及会计处理是否正确；⑤在资产负债表上的披露是否恰当等。

六、村集体经济负债审计

村集体经济组织负债是村集体经济组织因过去的交易或事项形成的现时义务，履行该义务预期会导致经济利益的流出。村集体经济组织负债按流动性可分为流动负债和长期负债；按来源可分为 5 类：即银行贷款、信用社贷款、单位借款、个人借款和其他应付未付款；按负债的用途可分为四大类：即兴办企业投资形成的负债、兴建公共设施形成的负债、弥补日常开支形成的负债和其他用途形成的负债。村集体经济组织负债审计主要是对短期借款、应付款、应付工资、应付福利费、长期借款及长期应付款进行审计。短期借款、应付款的审计就是对其核算的真实性、取得和使用的合法性、偿还的及时性进行审查评价；应付工资审计主要审查应付工资账户发生额和期末余额的真实性、正确性，村级转移支付资金到位情况或有无虚增、冒领工资行为，应付工资账务处理的合规性、正确性；应付福利费审计主要从应付福利费的提取和使用两个方面开展合理性、合规性审计；长期借款及应付款主要从真实性、合法性、归还的及时性等方面开展审计。

1. 负债审计的目标

通过审计短期借款、应付款、应付工资、应付福利费、长期借款及应付款等，应实现以下目标：

（1）审查负债的合法性和合理性，促进债务人按国家和金融信贷管理制度的规定取得借款；

（2）审查各种负债核算资料的真实性和正确性，纠正核算差错，提高会计核算质量；

（3）审查和评价负债是否按申请或协议规定的用途使用，揭露挪用、滥用村集体经济组织负债以及不合理举债行为；

（4）审查负债是否按期归还，有无长期拖欠，使债权人蒙受不应有损失的情况；

（5）审查和评价债务偿还能力，确认债权的保证程度，维护债权人权益。

2. 负债审计的主要依据

（1）2005 年《国务院办公厅关于坚决制止发生新的乡村债务有关问题的通知》规定："乡镇政府要切实负起责任，坚决纠正经济管理活动中各种不规范行为，从源头上防止新的乡村债务发生。一是不得以任何名义向金融机构申请贷款弥补收支缺口；二是不得为企业贷款提供担保或抵押；三是不得采取由施工企业垫支等手段上项目；四是不得举债兴建工程；五是不得滞留、挪用对村级组织的补助资金；六是不得举债发放职工工资、津贴、补贴及解决办公经费不足；七是不得铺张浪费或随意增加非经常性支出；八是不得买税卖税、虚增或隐瞒财政收入。凡违反上述规定形成新债的，一经查实，按'谁签字、谁负责'的原则，追究当事人的责任"。"要建立健全乡村新债责任追究和领导干部离任债务审计制度。对违反规定发生新债的乡村，必须追究主要负责人的责任，视情节轻重和数额大小，给予相应措施的纪律处分，并依法追究其经济和行政责任……对以举债为名从中牟利的乡村干部，要责令将所得款项全部退回，并视情节轻重给予相应的纪律处分；构成犯罪的，移送司法机关处理。”

（2）2006 年《国务院办公厅关于做好清理化解乡村债务工作的意见》规定：“各地区、各有关部门要按照《国务院办公厅关于坚决制止发生新的乡村债务有关问题的通知》的各项制度，按照谁举债、谁负责的原则，加大监督检查力度，严肃查处违法违纪行为。”

（3）2005 年《农业部关于进一步加强村级债务管理坚决制止新增债务的通知》规定：“县乡两级农村经营管理部门要按照国务院文件要求，全面履行对村级债务审计监督的职责，组织好村级债务的专项审计工作，实际发生的债务要核查属实，对虚假债务要挤出水分。未履行正常程序和村干部私自借入的新债，不得纳入账内核算，由借款人承担责任；经民主理财小组审核确定为不合理的财务开支事项，不得纳入账内核算；有关部门和人员强迫村级借入的债务，不得纳入账内核算。对追回的债务和偿还的债务，要按照规定的财务管理流程履行合法手续”。“村及村集体经济组织财务开支要精打细算、开源节流。必须坚持量入为出的原则，严禁举债兴办公益事业；严禁举债垫付各种税费；严禁举债用于村级支出；严禁超出规定订阅报刊；严禁超村级定额补贴标准发放报酬、补贴；严禁村委会或村集体经济组织以任何名义从金融机构贷款或为企业提供担保。各地要按照国务院办公厅文件要求认真进行检查，合理确定债务警戒线。对村级产生新的债务额度较少、情节轻微的，要对有关单位和责任人进行通报批评；对产生新债超过警戒线，额度较大、情节严重的，要追究相关人员的责任；构成犯罪的，移送司法机关处理。”

（4）村集体经济组织会计制度。

七、农村集体经济财务收支审计

1. 收入审计

农村税费改革以后，村集体经济组织的会计核算内容发生了重大变化。村集体经济组织既有管理、服务职能，又从事一定的生产经营活动。目前，村集体经济组织的收入主要包括三大部分：一是自身生产经营活动取得的收入；二是农户及所属单位和企业上交的承包金及利润；三是国家及上级有关部门的财政补助。从会计核算上可以分为经营收入、发包及上交收入、补助收入及其他收入。

（1）收入内部控制制度

建立收入内部控制制度是为了保证收入款项能及时入账，防止发生挪用、贪污等情况。存在销售业务的村集体经济组织应当建立收入内部控制制度。其审查的主要内容有：审查不相容职务分离情况，审查合同控制，审查销售折扣、折让和退货，审查销售票据与结算制度。

（2）经营收入的审计

经营收入，是指村集体经济组织进行生产、服务等经营活动取得的收入。包括农产品销售收入、物资销售收入、租赁收入、服务收入、劳务收入等。

①收入必须在全部满足下列条件时才予以确认：村集体经济组织将销售的商品或劳务的所有权上的主要风险转移给购买方；村集体经济组织既没有保留通常与所有权相联系的继续管理权，也没有对售出的商品或劳务实施控制；与交易相关的经济利益能够流入企业；相关的收入和成本能够可靠地计算。

②经营收入真实性审计，检查经营收入的账表资料是否相符，审计期间经营收入变动是否异常，审查经营收入确认的正确性，审查销售收入计算的正确性。

③经营收入合法性审计，主要审查被审计单位是否遵守国家有关销售业务方面的法律法规和财经制度的规定，有无弄虚作假、营私舞弊行为。

（3）发包及上交收入审计

发包及上交收入，是指农户和承包单位因承包集体耕地、林地、果园、鱼塘等上交的承包金及村组办企业上交的利润。发包及上交收入审计的内容是：承包合同规定的上交款是否符合相关规定；审查承包上交款是否全部入账，是否存在财务制度不严，村干部人人乱收款，造成部分上交款落入个人腰包等情况；审查上交任务完成情况；审查账务处理是否坚持收支两条线，有无承包款不入账，收支相抵而不能正确反映经营成果的现象；检查上交的承包收入款与其他上交款项有无相混淆的现象。

（4）补助收入审计

补助收入的审计主要内容包括：①审查补助收入入账是否及时、准确，与相关部门核对补助收入明细账，核实补助资金是否及时入账；②检查是否设置财政补助资金专户。补助资金是否直接进入村集体专户，是否存在补助资金进入个人账户或其他账户，侵占村集体收入的情况。

（5）其他收入审计

其他收入，是指除经营收入、发包及上交收入、补助收入以外的其他收入。审查的主要内容包括：审查其他收入的内容、范围是否符合规定，其他收入发生额是否真实。

2. 支出审计

村集体经济组织在生产、销售产品物资、对外提供劳务等活动中，必然要发生各种消耗，包括原料如种子、化肥等物资的消费、农业机械设备、产役畜或经济林木等劳动手段的耗费，人工等劳动力的耗费以及其他支出，这些耗费和支出构成了村集体经济组织的费用。成本是按照一定对象所归集的费用，是对象花了的费用。也就是说，成本是按照产品品种或劳务项目对当期发生的生产费用进行归集而形成的，与一定种类和数量的产品或劳务相联系。村集体经济组织如违反财经纪律，不合理地使用资金而影响经营效果，大都发生在支出方面。因而，认真审查支出是否合理有效，是提高农业资金利用效益，保护村集体经济组织的重要工作。

（1）经营支出的审计

经营支出审计，是指对被审计单位经营支出支出的真实性、合理性和成本计算正确性的审查。通过经营支出审计，监督被审计单位严格遵循《村集体经济组织会计制度》，确保产品成本的真实性、合法性和正确性，促进建立健全费用控制制度，提高管理水平，降低产品成本，提高经济效益。主要包括：

①对经营支出内部控制制度的审查。

②直接材料费用的审查，主要审查直接材料耗用量、直接材料计价以及直接材料费用分配等。

③直接人工费的审查，包括直接从事生产工作的人员的工资、奖金和津贴等。

④产品成本的审查，包括对产品数量和计价方法两个方面的审计。在审查中，应注意了解确认村集体的成本计算方法是否科学、合理，是否符合被审计单位自身的生产经营特点，是否符合成本核算原则，产品成本的计算是否真实正确，并公允地反映了实际耗费情况，是否存在错弊现象等。

（2）管理费用的审计

管理费用是村集体经济组织管理活动发生的各项支出，如管理人员的工资、办公费、差旅费、管理用固定资产的折旧和维修费用等。管理费开支的项目很多，且许多项目是属于固定性质的。因此，在管理上也极易出现问题。对于管理费的支出范围和标准，许多地方制定了定项限额、包干使用制度。所以审计管理费用的支出，要依据上述规定的限额制度进行。如目前很多地方实行村级组织“零招待”制度，在审计过程中，要注意有无仍然列支招待费的情况。

3. 收益审计

收益是村集体经济组织在一定时期内的经营成果，是衡量村集体经营管理水平和经济效益的综合性指标。收益审计，是指对被审计单位一定时期内实现收益及其分配的真实性、合法性、正确性的审查。村集体当年实现可分配收益在集体和个人之间进行分配。收益审计重点要把握以下几点：一是必须全面正确地反映村集体的收益情况，各项收入及各项支出是否全部结转到“本年收益”账户；二要坚持统筹兼顾、综合平衡的原则，既要保证村集体积累有所增加，又要保证村集体成员分到应得的部分。

八、农村土地补偿费审计

1. 土地补偿费审计内容

征地补偿费，包括土地补偿费、安置补助费以及地上附着物和青苗的补偿费。加强农村征地补偿费管理关系到被征地农民切身利益和农村发展稳定大局。

农村征地补偿费审计主要是对征地补偿费管理和使用情况的合理性、合法性进行审查监督的行为。主要内容包括：

（1）审查征地补偿费是否足额拨付到位

审查征地补偿费是否已按征地补偿方案确定的补偿标准拨付到位，到位后是否按照专户存储、专账管理、专款专用的原则规范管理；有无不入账或贪污、挪用等问题。

（2）审查农村征地补偿费分配的合理性、合规性审查征地补偿费的分配是否按照《国务院关于深化改革严格土地管理的决定》、《农业部关于加强农村集体经济组织征地补偿费监督管理指导工作的意见》及各省、自治区、直辖市人民政府有关文件规定的分配原则、办法要求进行分配。

（3）审查农村土地补偿费使用的合规性、合法性

审查在征用农村集体土地、征地补偿费管理和使用过程中，有无违反国家方针、政策及财经法规要求，进行营私舞弊的行为；是否存在改变征地补偿费用途、私分乱支、贪污挪用等问题。

2. 征地补偿费拨付审计

（1）征地补偿费标准的审计

《土地管理法》规定，征用耕地的补偿费用应当包括农村土地补偿费、安置补助费以及地上附着物和青苗补偿费。征用耕地的农村土地补偿费，为该耕地征用前 3 年平均年产值的 6 ~ 10 倍。征用耕地的安置补助费，按照需要安置的农业人员数计算，每一个需要安置的农业人口的安置补助费标准为该耕地被征用前 3 年平均年产值的 4 ~ 6 倍。但是，每公顷被征用耕地的安置补助费，最高不得超过

被征地前3年平均产值的15倍。被征用土地上的附着物和青苗的补偿标准，由省、自治区、直辖市规定。如果依照前面的规定支付补助费，尚不能使需要安置的农民保持原有的生活水平的，经省、自治区批准，可以增加安置补助费。但是，农村土地补偿费和安置费补助费的总和不得超过土地被征用前3年平均年产值的30倍。占用土地的补偿标准和补助数额可以参照征用土地的标准执行。

按照上述规定，审计人员要认真核对征地补偿安置方案中规定的农村土地补偿费折算标准，审查耕地前3年平均年产值计算是否科学、符合实际，有无低估、瞒报、压低补偿标准损害农民利益的问题。审查征地补偿安置协议中规定的土地补偿费标准及征地面积，计算出按协议规定的补偿标准应拨付到位的农村土地补偿费的总额。一般省级人民政府会定期发布年产值标准和地价，如2010年江西省就发布了《江西省人民政府关于公布全省新征地统一年产值标准和区片综合地价的通知》，对全省各地土地年产值标准进行了规定，则审计时计算前3年平均年产值依据此标准即可。

（2）征地补偿费到位情况审计

要审查农村集体经济组织“专项应付款”账户及银行存款日记账，查清农村土地补偿费是否及时足额纳入专账管理。从审查征地单位拨款数额入手，审查被征地单位农村集体经济组织农村土地补偿费专户的借方当期发生额、“专项应付款”账户的贷方发生额是否与农村土地补偿费总额相一致，看是否按标准拨付农村土地补偿费，所拨付的资金是否全额记入农村土地补偿费专户进行管理，有无截留、挪用及贪污等违法违纪问题。

3. 征地补偿费分配和使用的审计

征地补偿费的分配及使用情况审计主要包括两方面的内容：一是农村土地补偿费是否按分配办法的规定在农村集体经济组织内部进行分配，二是留归农村集体经济组织的农村土地补偿费是否按规定用途使用。

（1）农村土地补偿费分配

征地补偿安置不落实的，不得强行使用被征土地。省、自治区、直辖市人民政府应当根据土地补偿费主要用于被征地农户的原则，制订土地补偿费在农村集体经济组织内部的分配办法。被征地的农村集体经济组织应当将征地补偿费的收支和分配情况，向本集体经济组织成员公布，接受监督。农业、民政等部门要加强对农村集体经济组织内部征地补偿费分配和使用的监督。

（2）农村征地补偿费分配的审计

①审查农村土地补偿费分配范围　主要审查被征地的农村集体经济组织是否

按照国务院《关于深化改革严格土地管理的决定》及省、自治区、直辖市人民政府制定的在农村集体经济组织内部的分配办法规定的分配的比例、标准、范围进行农村征地补偿费分配，同时，审查“专项应付款”账户借方发生额、“银行存款”或“现金”账户贷方发生额是否与农民取款清单的合计数相一致，看是否存在截留、挪用、抵扣农村土地补偿费的问题；并采取抽查的方法，对取款农民进行审查，看是否存在贪污、侵占农村土地补偿费的问题。

审计人员在对农村土地补偿费分配情况进行审计时，主要审查农村土地补偿费的分配合理性、合规性。审查留归农村集体经济组织的农村土地补偿费是否及时足额记入“公积公益金”账户，通过核对“专项应付款”账户借方发生额、“公积公益金”账户贷方发生额与按分配方案规定的分配比例计算的留归农村集体经济组织的农村土地补偿费的总额是否一致，看留归农村集体经济组织的农村土地补偿费是否足额记入“公积公益金”。

②农村土地补偿费使用的审计　留归农村集体经济组织的农村土地补偿费要纳入公积公益金管理，不得平分到户，也不得列为集体经济债务清欠资金。农村土地补偿费下拨后，村集体经济组织对其收支实行专户管理，专款专用，主要用于发展村级经济，加大农业基础设施投入，提高被征地农民的生活水平，禁止用农村土地补偿费出借和担保，不得用于发放干部报酬，不得用于购置小轿车、购买移动电话、建造办公楼等非生产性支出。凡需使用列入所有者权益的农村土地补偿费进行建设投资的，要经本集体经济组织成员（代表）大会民主讨论决定，并报上一级人民政府批准。经批准使用的农村土地补偿费由民主理财小组负责日常开支监督，民主理财小组有权检查审核农村土地补偿费财务账目，有权否决不合理开支，有权代表要求农村集体经济组织成员对账目不清的开支提出质疑，有权要求农村集体经济组织负责人及财会人员对农村土地补偿费专户管理的财务问题作出解释。凡是集体经济组织成员要求了解的农村土地补偿费财务运行情况，都要及时逐项逐笔进行公布，对群众提出的问题，集体经济组织负责人有义务及时给予解答和解决，并将结果向群众公布。审计人员在对农村土地补偿费使用情况进行审计时，主要审查农村土地补偿费使用的真实性、合法性，有无违反规定侵占、挪用、平调和胡支乱花的行为，村集体经济组织对土地补偿费使用，是否公开透明，是否接受群众监督。

③分配使用报批程序及账务处理审查　农村土地补偿费的分配、使用预算方案要经农村集体经济组织成员大会或成员代表大会批准，事后要将农村土地补偿费的实际开支、管理情况向农村集体经济组织成员大会或成员代表大会报告。留归农村集体经济组织的土地补偿费要严格按照《村集体经济组织会计制度》规

定，全部统一纳入公积公益金科目进行核算，并设立农村土地补偿费专门账户，统一进行管理。

当农村土地补偿费使用的财务事项发生时，经手人必须取得有效的原始凭证，注明用途并签字（盖章），交民主理财小组集体审核。经审核同意后，由民主理财小组组长签字（盖章），报经村集体经济组织负责人审批同意并签字（盖章），由会计人员审核记入专户账目。经民主理财小组审核确定为不合理开支的事项，不得入账，有关支出由责任人承担。财务流程完成后，要按照财务公开程序进行公开。

审计人员在审查农村土地补偿费分配使用报批程序及账务处理时，主要审查分配使用报批及账务处理过程中是否存在管理漏洞，手续是否完备。应当重点审查“固定资产”、“在建工程”等与农村集体公益设施建设相关的明细科目，审查每张原始凭证是否有效，有效的原始凭证是否经民主理财小组组长签字（盖章），并经会计人员的审核，查清是否有挪用、侵占农村土地补偿费的行为。

九、农村干部经济责任审计

1. 概述

农村干部经济责任审计，是指农村集体经济审计机构，以国家法律法规和政策以及集体经济组织的规章制度为依据，按照干部责任制的目标要求，在一定时间内及在干部离任时，对其任职期间履行经济责任的情况进行审查、评价和鉴证的一种专项审计。农村干部经济责任审计包括农村干部任期目标经济责任审计和农村干部离任审计。农村干部任期目标经济审计，是指审计机构以农村干部任期目标和有关法律法规政策为主要依据，对村干部一定时期内的工作成果进行鉴定，明确经济责任，客观公正地评价其业绩的活动。农村干部离任审计，亦称村干部任期终结审计，是指审计机构对农村干部整个任职期间所承担经济责任履行情况所进行的审查、鉴证和总体评价活动。

开展村干部经济责任专项审计是农村基层干部监督管理工作的一个重要环节，是加强党风廉政建设的重要措施。做好这项工作，有利于帮助农民群众选出作风正派、廉洁公正、为农民办实事的村干部，有利于强化村级财务管理的监督约束机制，有利于进一步健全和完善村务公开和民主管理制度。

农村干部经济责任审计除具有一般审计的特点外，还具有审计对象的特定性、审计依据的多重性、审计时限的不确定性、审计内容的广泛性等特点。

为了确保对农村干部的经济责任作出实事求是的评价，审计时必须坚持依法审计的原则；权责统一的原则；坚持全局利益的原则；坚持实事求是，客观公正的原则；坚持群众路线的原则5个原则。

2. 经济责任审计的对象和内容

农村干部经济责任审计的对象是行使村集体经济组织及村民委员会财务审批权和参与村级经济活动决策的村委会成员。

根据当前我国农村的主要经济活动和村干部行使的职责，村干部经济责任审计的主要内容有：

（1）农村经济责任目标完成情况

主要审计：任期内农民人均纯收入等经济指标是否增长；农村基础设施建设是否完成；村级集体资产是否增值和债务是否下降；财务管理、资产管理和民主理财等内部控制制度是否健全等。

（2）财经法纪执行情况

主要审计：各项收入是否及时、足额入账，有无侵占、挪用、私分集体资金和私设“账外账”或“小金库”等问题；是否存在通过虚增债权的手段来虚增收入以及将收入或非法收入挂在往来账上虚增债务等问题；有无滥用职权侵占、挪用、平调集体资产和长期占用集体资金的问题；是否存在未按民主程序，私下交易变卖土地等问题。

（3）农民群众关注的热点问题

①集体资产处置　主要审计：村集体企业改制、“撤村建居”和并村过程中集体资产的处置情况，有无非法转让、转卖和侵吞集体资产的行为等。

②债权、债务管理　主要审计：村里举债是否经村民代表大会讨论，按规定的审批程序办理；是否存在以办公益事业为由擅自高息借款；是否擅自为企业贷款提供担保、抵押，导致新增债务；有无借债进行达标升级活动等情况。

③土地发包、承包　主要审计：“四荒”等资源型资产的发包是否采取招标、拍卖、租赁、参股和公开协商等方式，是否签订规范的承包合同；村级基建工程建设是否公开招标，有无“人情”承包和“以权”承包等。

④专项资金管理　主要审计：上级划拨或接受捐赠的资金和物资的管理、使用情况；土地补偿费管理、使用情况；农村合作医疗资金的管理、使用情况；粮食直补资金的发放情况等。

⑤财务公开　主要审计：财务公开是否全面、真实、及时、规范；村内“一事一议”筹资筹劳的程序是否规范，资金收取是否超标准、超范围以及资金的使用情况等。

十、村级财政补助资金审计

1. 村级财政补助资金审计概念

村级财政补助资金是指各级政府为保证村级组织正常运转和促进农村经济社会事业的发展，将所掌握的一部分经费补助给村级组织和农户支配、使用的资金。目前，村级财政补助资金已经扩展到村干部工资补贴、办公费补助、农业税附加补贴、农村公益事业补助、农村基础设施建设补助、粮食直补资金、生态林补偿资金等。随着我国社会主义新农村建设步伐的加快，国家会逐年加大对农村的投入，政府发放到村到户的资金项目将越来越多，数额也越来越大。

村级财政补助资金的审计，是指农村集体经济审计部门对村级财政补助资金的管理、使用的合规、合法性及效益性所进行的审计。中共中央办公厅、国务院办公厅《关于健全和完善村务公开和民主管理制度的意见》第五部分第一条“加强对农村集体财务的审计监督”中明确要求农村集体经济审计部门，要加大对政府发放到村到户的各项补贴资金和物资等事项的审计力度。各级农村集体经济审计部门应将其作为新时期审计工作的一项重要内容，在各级党委和政府的领导下，切实做好村级财政补助资金的审计工作。

（1）村级财政补助资金审计的特点

①资金源头多，用途广泛　我国实行分层次分部门的管理体制，从中央到地方，每个层面每个部门每年都有一定数量的资金投放到农村，资金的用途也多种多样。

②点多面广，审计对象分散　村级财政补助资金的使用、管理主要在基层，一项村级财政补助资金，通常会涉及很多个村级单位。只有把每一个村的资金的来源和用途情况审计清楚，才能把整个资金的来源和用途情况审计清楚。

③政策性强　村级财政补助资金通常要求专款专用，严禁截留，政策性很强。

④效果呈现多样性　村级财政补助资金的效果，有些表现出经济效益，有些表现出社会效益和生态效益。

（2）村级财政补助资金审计的目标

开展村级财政补助资金审计对于保证各级政府发放到村、户的资金的安全、规范、高效具有非常重要的作用。农村集体经济审计机构开展村级财政补助资金审计，一定要弄清村级财政补助资金的来源及用途。收集证明材料，应当客观公正，实事求是，防止主观臆断，保证证明材料的客观性。审计机构和人员要保证村级财政补助资金审计结果能够经得起各种检验。其审计的目标是要查清“三性”：第一，真实性。查清村级财政补助资金到位情况、使用情况是否真实；第二，合规性。村级财政补助资金政策性强，要查清资金的管理和使用是否符合有关法律法规政策的规定；第三，合理性。查清被审计单位在实现目标过程中是否讲求经济性、效率性和效果性。经济性是指以最低费用取得一定质量的资源，即节约。效率性是指以一定的投入取得最大的产出或以最小的投入取得一定的产出。效果性是指在很大程度上达到政策目标、经营目标和其他预期结果。

2. 村级财政补助资金审计内容

（1）掌握村级财政补助资金的规模、性质和用途

财政补助资金包括一般性补助资金和专项补助资金两大类别。在对村级财政补助资金资金进行审计时，要通过查阅有关政府部门文件、财政指标单、项目批文等，掌握本年度村级财政补助资金的规模、构成情况以及资金的性质和用途，并分门别类进行统计汇总。从而根据资金的不同性质和用途，制定审计方案、确定审计工作重点和审计方法，为下一步审计做好准备。

（2）检查是否建立规范有效的管理制度

村级财政补助资金的审计，首先要检查村级组织是否建立规范有效的管理和内控制度。主要检查是否按规定建立账簿；资金的使用是否具有一套能体现公开、公正、透明的标准和操作程序；资金的拨付、支用是否有严密的审批制度；主要项目是否建立健全岗位责任制，明确相关责任人；有无具体的监督检查制度和评估验收程序；是否制定相应的考核奖惩措施。并通过调查了解、查阅相关记录、纪要、档案，评估制度、措施的执行落实程度。

（3）核实到位资金的数额

根据已掌握的村级财政补助资金的规模、性质和用途，对照有关政府部门文件、年度预算、财政下达的指标单以及有关项目批文，核对到位资金的数额是否相符。在核对到位资金时，对上级财政部门拨入的专项资金，除应核对实收资金与应收资金是否相符外，还应注意检查银行存款及往来等相关科目，有无将专项资金无故或以借款名义转出，防止有的单位为应付检查，在账务处理上作手脚。

（4）审查资金使用是否真实、合规

资金支出是否真实、合规，是村级财政补助资金审计的重点内容。合规性是审查现行的管理规定和原则是否得到了遵守，包括簿记方法的正确性和管理部门措施的合法性。应重点检查专项资金是否专款专用；账目核算是否正确。对照有关政府部门文件、年度预算、指标单、项目批文等有关资料，检查资金的使用是

否符合规定用途。审计时应注意检查支出票据的真实性、合法性、合理性，有无用虚假发票、白条报账列支。要分析支出的内容与规定用途是否一致，分析测算支出的金额与实际是否匹配，特别注意人工工资、奖金、福利、招待费有无多列多支等。

(5) 审查资金使用是否合理

资金使用合理性审计主要是审查被审计单位在实现目标过程中是否讲求经济性、效率性和效果性。旨在查明被审计单位是否以经济的、有效的方式管理或利用其资源；检查资金的使用是否合理，有无损失浪费；查明任何低效率和不经济做法的原因，包括管理信息系统、管理程序或组织机构不完善的原因。资金使用合理性审计需要对项目的经济效益、社会效益、生态效益进行评价。

社会效益评价应着眼于社会群众对项目的评价、转移和安置农村剩余劳动力、缩小社会贫富差距和地区间发展不平衡，从减少民族矛盾、区域矛盾和农村矛盾、改善农村社会治安环境等方面评价。

生态效益评价应注意两个方面：第一，项目设计或可行性研究报告中有无关于环境保护的措施，对可能形成破坏生态平衡的环节或工程是否采取必要的限制或放弃；第二，已完工项目对环境造成的影响，即是形成了良性的生态平衡、改善了农业生产条件、促使农业高产和稳产，还是破坏了生态平衡。生态效益方面的评价指标有：森林覆盖率；水土流失率；土壤肥力提高土壤有机质含量增加数；土地利用率；自然灾害发生率以及全员发病率等。

3. 村级财政补助资金审计要求

准备阶段，要掌握相关法律法规精神，针对审计事项，认真学习研究与审计事项有关的法律法规和相关政策，把握好政策尺度；要制定周密实用的审计方案。

实施阶段，在确立村级财政补助资金审计事项资金源头的基础上，要按资金流向开展专项审计。具体工作中应注意将顺查法和逆查法灵活运用，将重点审计与延伸调查相结合，上下联动，全局“一盘棋”。

终结阶段，要写好村级财政补助资金审计报告。村级财政补助资金审计报告是反映问题、分析原因和提出意见建议的载体，是反映审计成果大小的关键。村级财政补助资金审计发现和纠正违纪违规问题固然重要，但更重要的是通过综合分析，从法规、制度和政策上提出有针对性的意见和建议，为党政领导决策当好参谋。

十一、农村集体经济财经法纪审计

1. 财经法纪审计概念

农村集体经济财经法纪审计，是指对被审计单位财务管理和经济活动进行专案审查核实，以揭露和纠正违法违纪行为而实施的审计。农村集体经济财经法纪审计的重点是审查和揭露各种舞弊、侵占集体资产的事项，审查和揭露造成国家和集体资产重大损失浪费的各种失职渎职行为。其任务是审查被审计单位贯彻执行财经法纪情况及存在问题，彻底查明各种违法乱纪案件，并根据审计结果，提出处理建议。

农村集体经济财经法纪审计以农村集体经济财务审计为基础，但与农村集体经济财务审计有明显区别，主要体现在：①两者的对象不同。农村集体经济财务审计的对象是单位的经济活动。农村集体经济财经法纪审计的对象是单位违反财经法纪的行为。②两者的目的不同。农村集体经济财务审计的目的是对被审计单位的会计报表及其所进行的经济活动的合法性、真实性和有效性起监督、鉴证和评价作用。农村集体经济财经法纪审计的目的是查实违反财经法纪问题的情节，并按有关法规作出处理或移交有关部门追究法律责任或行政责任，起到严肃财经法纪的作用。③两者实施的时间不同。农村集体经济财务审计一般是事后审计，也可以是事前或事中审计；农村集体经济财经法纪审计只能是事后审计。④两者的责任人不同。一般的农村集体经济财务审计以处理单位为主；而农村集体经济财经法纪审计则一般要追究直接责任人员的个人责任，单位一般只承担连带责任。

2. 财经法纪审计特点

（1）政策性和法律性强。农村集体经济财经法纪审计审查的是违反财经法纪的行为，它不能通过一般的财务审计来解决，而要通过专案审计的方式，在审计过程中必须严格按照国家颁布的财经方针、政策、法律、法规来进行，在事实清楚的基础上，作出审计评价，对违法违纪行为进行处理、处罚，必须有明确的法律政策依据，并且要定性准确，处理、处罚正确、适当。

（2）具有执法的严肃性和强制性。农村集体经济财经法纪审计作为维护财经法纪，打击经济犯罪活动的重要手段，目的时严厉惩处违反财纪法纪的单位和个人，并将责任最终落实到具体责任人身上，具有执法的严肃性和强制性。

（3）审计对象复杂。农村集体经济财经法纪审计审查的案件，案情一般都比较复杂，牵涉到人与人之间的复杂关系。大多数违反财经法纪的行为都具有隐蔽掩饰的特征。有些案件是经过蓄意预谋、精心策划、采取非法手段，弄虚作假，隐瞒真相；有些案件涉及面广，又受到层层关系网的庇护。因此，农村集体经济财经法纪审计工作，复杂艰巨，工作难度较大。

（4）具有突发性和被动性。违反财经法纪行为的发生往往是难以预料的，具有突发性，农村集体经济财经法纪审计很难在农村集体经济审计计划中明确规定，只能在发现有关线索或收到举报以后才能立案审查，因而具有被动性。同时，农村集体经济财经法纪审计还是一种事后的突出性审计，它要求农村集体经济审计机构集中力量，快速行动，及时查清案情，并采取果断措施，制止违法乱纪行为的蔓延。

（5）没有固定的审计模式。违反财经法纪的形式多种多样，手段各异。因此，农村集体经济财经法纪审计无固定的审计模式可以遵循。审计人员应从实际出发，具体情况具体分析，采用灵活多样的审计方法进行审计，只有这样，才能顺利地完成农村集体经济财经法纪的审计任务。

农村集体经济财经法纪审计对审计人员的素质有着较高要求，不仅要求审计人员具有精湛的业务知识和较强的工作能力，还要求审计人员具有良好的思想品德和踏实的工作作风。在审计工作中，审计人员应遵循如下原则：客观公正，实事求是；严于律己，秉公执法；谨慎仔细，认真负责；讲究方法，因势利导；深入群众，调查研究等原则。

3. 财经法纪审计目标任务

农村集体经济财经法纪审计的目标：审计清楚违反财经法纪的全部事实及危害程度；审计清楚违法违纪事项的性质；审计清楚违法违纪事项有关当事人的责任。

农村集体经济财经法纪审计的任务：

（1）负责审查并处理财务审计和经济效益审计中发现的重大违反财经法纪的问题。

（2）负责审查并处理下级农村集体经济审计机构上报的严重违反财经法纪的问题。

（3）负责审查上级党政机关或审计机构批办的违反财经法纪的问题，并上报结果。

（4）负责审查并处理农民群众举报的严重违反财经法纪的问题。

（5）配合纪检监察部门和其他有关部门查处重大经济案件。

4. 财经法纪审计的内容

农村集体经济财经法纪审计作用：维护国家和集体经济组织的经济利益；保证各项财经法规和财经纪律的贯彻落实；促进农村基层党风廉政建设；增强农村干部的法制观念；促进农村集体经济监督管理体系的进一步完善。

农村集体经济财经法纪审计的内容一般有以下几个方面：

（1）截留上缴国家财政收入；

（2）弄虚作假，骗取国家拨款或补贴；

（3）玩忽职守，不负责任或官僚主义，错误决策，造成集体经济重大损失。

（4）截留、挪用、贪污、侵占、胡支乱花国家拨款或补贴。

（5）贪污、侵占、挪用、平调集体资产和集体资金。

（6）非法转让、转卖和侵吞集体资产。

（7）收入不入账，私设“账外账”或小金库。

（8）通过虚增债权的手段来虚增收入。

（9）将收入或非法收入挂在往来账上虚增债务。

（10）巧立名目，滥发资金、补贴及实物。

（11）任意提高开支标准，扩大开支范围，挥霍浪费集体资财。

（12）擅自向农民、乡村企业乱收费、乱罚款、乱摊派，增加农民负担。

（13）未按民主程序，私下交易变卖土地。

（14）违反农业承包合同法规，侵犯农民土地承包权益。

（15）违反乡村集体所有制企业管理法规，损害集体利益。

（16）其他违反财经法纪的行为。

5. 财经法纪审计程序

农村集体经济财经法纪审计分为立案、查证、定案 3 个阶段。

（1）立案阶段

立案阶段是财经法纪审计的准备阶段。农村集体经济审计机构根据政府指令和上级主管部门的委托；或根据农民群众的举报和在审计中发现的违法违纪问题，确认属于自己职责范围内，按规定的立案手续，立为专案进行审计。

立案需办理立案手续，并设立档案。立案依据来源不同，立案的手续也不同。对于审计机构发现的案件，符合条件应批准正式立案；群众举报的案件，应分析其可靠性和真实性，并最好先派专人核实后再采取措施上报申请立案；上级机关和其他部门转来的案件，可将批示或通知作为已立案依据，视同立案不再办理立案手续。

（2）查证阶段

查证阶段也叫取证阶段，是农村集体经济财经法纪审计中重点环节。查证阶段的关键是收集和整理真实有效、有充分证明力的审计证据，以查实违反财经法纪的程度。审计证据是指与所审查的案件相关的、能够说明案件事实真相的、并最后据以作出审计结论的凭证。首先，审计证据必须是已经发生的客观事实，如索贿受贿所得来的赃款赃物，弄虚作假的账面记录等；也可以是与案件有关的人员的叙述，如有关知情者对案情的揭示等；还可以是由于违反财经法纪所产生的后果，如由于玩忽职守、严重失职造成的直接经济损失等。其次，审计证据必须与案情相关，有直接的内在因果关系或间接的佐证关系。如果所取得的审计证据与案件毫无关系，即使证据很充分、很正确，也说明不了任何问题，起不到任何作用。最后，审计证据取得必须合法。审计人员要在国家法律、政策允许的范围内，按照规定的流程来取证。查证阶段的工作可细分为以下步骤：①了解案情，掌握有关线索；②编制工作方案，下达审计通知书；③派员驻点，搜集证据；④整理证据。

（3）定案阶段

定案阶段也称终结阶段。当获取充分证据后，审计人员开始总结工作底稿和调查询问表，撰写审计报告，填审计情况记录卡，进入定案阶段。

①根据案情，对可以计量的要计算所造成的经济损失；对不能计量的，要按社会危害，社会影响予以衡量。

②根据违反财经法纪情节的严重性，对照国家有关的财经法律、法规和纪律，论定案件的性质。结案阶段的关键是定性，审计定性中应注意区分违法与违纪、罪与非罪、一般违纪与严重违纪、过失错误与不法行为的界限。

③对于已造成的损失和危害，应根据具体情况落实责任。划分各责任人之间的责任，分清主要责任人和次要责任人。主要责任人是指违反财经法纪行为的主要策划者，是与案情有直接联系起主导作用的责任人员。次要责任人在整个案件中居于次要地位，对案情的发生、发展不起主导作用。

④通过汇总、整理审计工作底稿和调查询问表，案情明确，线索清晰，证据可靠，审计人员撰写审计报告书，做好结案过程的最后工作。

⑤审计人员撰写出审计报告后，应将审计结果与被审计单位或有关责任人见面，征求意见。审计报告的处理意见可不征求意见。

⑥审计报告经审核批准后，审计机关就要对违反财经法纪的行为进行处理。对违反财纪法纪案件的处理，可以参照《中华人民共和国审计法》、国务院《关于违反财政法规处罚的暂行规定》和农业部《农村集体经济组织审计规定》的有关规定执行。处理的总原则是：坚持原则，分清是非，正确定性，恰当处理。

十二、审计报告和审计档案

1. 审计报告

审计报告是审计人员在完成一项审计工作后，就审计任务的完成情况和审计结果向所属的审计机关写出的书面汇报。审计报告在审计工作中具有十分重要的作用，它是审计人员传达审计结果的书面答复；是审计机构作出审计结论和审计决定的依据；也是表明审计人员完成审计任务的总结报告；对被审计单位来说，是一份指导性文件，便于被审计单位纠错防弊，改善管理，提高经济效益；同时也是重要的历史档案材料。审计报告应由审计小组编写，并征求被审计单位的意见，然后报送所属的审计机关。审计机关据此作出审计结论和决定，通知被审计单位和有关部门执行。审计报告具有真实性、建设性、严肃性、公正性的特点。

（1）审计报告的种类

审计报告按不同的划分标准有不同的种类。而不同种类的审计，对报告的内容又有不同的要求，这里仅介绍几种常见的分类方法。

①按审计报告的内容和目的分类　审计报告可以分为财政财务审计报告、财经法纪审计报告和经济效益审计报告。财政财务审计报告是对被审计单位财政财务收支活动进行审计所编制的审计报告，适用于对企业、行政事业等单位财政财务收支的审计项目。财经法纪审计报告一般是专案审计报告，是对被审计单位的某一严重违反财经纪律的行为作出评价，提出审计意见的报告，适用于严重违反财经法纪的专项审计事项。经济效益审计报告是对被审计单位经济效益实现程度和途径审计后提出的审计报告，适用于审查和评价经济效益高低的审计事项。

②按审计报告内容详略程度分类　审计报告可以分为简式审计报告和详式审计报告。简式审计报告又称短式审计报告，是简单地说明审计范围、审计意见以及例外事项的审计报告。这种审计报告简明扼要，具有标准格式，适用于公布目的、内容比较简单的审计事项。详式审计报告又称长式审计报告，是对审查的事项和结果都要进行详细叙述、分析、评价，并提出改进意见的审计报告，适用于审计范围广、内容多的审计项目。

③其他一些审计报告的分类　另外，审计报告按主体可以划分为政府审计报告、社会审计报告、内部审计报告；按审计部门可以划分为财政审计报告，工业、交通审计报告，农村集体经济审计报告等；按审计委托人可以划分为审计查证报告，审计鉴定报告，审计咨询报告，其中审计查证报告，主要包括清查账目、验资年检、清理债券、经济责任审计等项目；审计鉴定报告，主要适用于司法、行政部门委托的经济纠纷、经济犯罪案件等审计项目；咨询报告，适用于向部门、单位或个人提供的经济咨询、审计、会计服务等项目。

（2）审计报告的内容

审计报告的种类不同，其结构和基本内容也各有所异。总的来说，审计报告的内容包括基本情况、查证事项、评价、处理意见和改进建议等几个部分。

基本情况部分是对审计情况的概括性叙述，其内容一般包括3方面：一是审计工作的目的、依据、内容、范围、重点和采取的审计方式，以及审议人员的组成情况、审计的起止时间。二是被审计单位或事项的经济性质、隶属关系、内部机构、经营规模、经营状况、主要经济技术指标完成情况、财务管理及内部控制形式等。三是审计目的实现的程度。这部分的内容是报告全文的前言，要叙述得简明、概括、精确，重点突出。

审计查证事项部分对审计检查的有关问题的详细介绍。主要内容有：一是审计事实，要提出成绩，揭露问题。二是引证用以判断存在问题的法律、法规。三是分析问题产成的原因。这部分内容是审计报告的主体，突出的特点是论述性强。写作时，要事实详细、清楚，证据确凿、充分，定性确定，归类科学，主次分明；引据的法律、法规、政策条文恰当，产生的主客观原因与责任介绍清楚。

评价部分是对被审计单位经济活动的评价。评价必须以事实和数据为依据。评价的字数不多，但分量很重。在评价中既要肯定成绩又要指出问题。正反两方面的评价都要用事实与数字说话，用事实能说明行为，用数字说明行为的程度。如评价一个企业在改革中采取了一系列行之有效的措施，从而大大提高了经济效益。经济效益提高到什么程度，必须用数字说明，如资金利润率、劳动生产率、流动资金周转率、优质产品率等或者用比较的数字，与上期比，与历史比、与同行业单位比等，才能说明其成绩的大小。

处理意见部分是审计人员针对揭露出的错弊，提出如何处理的建议性意见。提出处理意见时，须持慎重的态度和全面的观点，既要坚持原则性，又要有灵活性。对那些严重违反财经纪律和严重损害国家或集体利益的问题，均应严肃处理；对于缺乏经验或政策界限不清而发生的问题，应批评教育，帮助纠正改进。

提出改进建议部分提出的改进建议针对性要强，要与产生的原因相呼应，如果提出的改进意见太空洞、离题远，就起不到对被审计单位的促进作用，建议包括两个方面：一是对突出成绩加以总结推广的建议；二是改进工作防止再发生错弊的建议。农村集体经济审计要把这部分列入审计报告的重点，这是帮助被审计单位提高经济效益的关键环节。

简式审计报告的内容为：

①标题　一般规范为“关于××审计报告”。

②收件人　审计报告的委托人，如“××村集体经济组织”。

③范围段　应当说明时间范围、义务范围、审计依据、会计责任与审计责任、已实施的审计程序等。

④意见段　被审计事项是否符合财务会计制度法规的规定，是否公允地反映

了被审计单位的情况，会计方法的采用是否遵循了一贯性原则。

⑤签字与地址　审计报告应由审计人员签名、签章，加盖审计机构公章，并注明审计机构地址。

⑥报告日期　审计完成外勤工作的日期。

详式审计报告无标准固定的形式，一般包括文字部分、报表部分和其他部分。文字部分是主体，应包括以下几项内容：

①标题　如“关于××村集体经济组织2010年财务收支状况的审计报告”。

②审计概况　主要说明审计依据、审计的种类及目的、审计的对象和范围、被审计单位的基本情况，如被审计单位的性质、隶属关系、组织结构设置、资产及经营情况等。

③审计中发现的问题　这一部分是审计报告中最重要的部分，包括两个方面，即正面问题和反面问题。正面问题主要指工作中的成绩，反面问题则是指发现的错误和弊端。写入审计报告的成绩要充分地肯定，错弊要按问题的性质进行归类，按问题的重要程度进行编排，说明问题产生的原因，明确责任部门和责任人。

④审计意见和建议　审计意见是对存在问题提出的处理意见，处理意见定性要准确，处理要恰当。审计意见是针对被审计单位存在的各种问题提出切实可行的建议，以便达到改善经营管理，提高经济效益等目的。

⑤审计人员的签名及盖章。

⑥附件　即将审计报告所必需的证据资料附于审计报告的后面。在选用材料时，注意针对性及重要性。

（3）审计报告的编写步骤

①整理和分析审计工作底稿　在审计过程中，审计人员积累了大量的审计资料，尽管这些资料是撰写审计报告重要的依据，但不可能也不必要全部写入报告。在编写审计报告时，审计人员应该进行认真精选、整理、分析工作，把那些有价值的、重要的审计资料挑选出来，作为编写审计报告的基础。挑选时应注意，分清现象资料和本质资料；舍去无关紧要的资料；选择具有代表性的典型资料，如金额大的、问题性质严重的、手段行为恶劣的证明资料。

②核对查实资料和证据　凡是准备写入审计报告的资料证据，都应进一步复查核实。主要查对核实审计资料证据的可靠性、充分性和正确性。核实后发现资料不足、证据不够充分，要马上组织补证。

③拟订审计报告提纲　审计报告提纲是根据分析整理后的资料拟订的，通常由小组集体讨论而成。主要包括报告的组成部分，反映哪些问题，采取哪些证

据，怎样编写等。

④撰写审计报告　审计报告的编写，可以一人执笔，也可以分工编写，初稿完成后，由审计小组集体讨论，审计组组长定稿。

⑤征求被审计单位意见　审计组编写的审计报告，在报送之前，应当征求被审计单位意见。审计人员对被审计单位的意见应认真分析研究，认为事实不清或有出入的，应进一步核实，对审计结果或意见有异议的，正确合理的意见应采纳并修改补充审计报告。审计报告征求意见后，由审计小组负责人签字，报送委托单位。

（4）审计报告的体裁

审计报告的体裁，也就是审计报告的编写形式，主要有以下几种：

①叙述式审计报告　一般审计报告大都采用这种形式。它要用文字叙述形式反映审计的全部过程和事实，报告可分为若干部分，每个部分均有小标题，以反映每一类的情况和问题。这种报告反映情况详细，主要适用于情况负责的审计项目。

②条文式审计报告　又称为条目式审计报告。这种形式适用于情况不太复杂的审计项目。它主要是将被审单位的基本情况、审计过程、发现的问题、审计结论等归纳为若干条，依次叙述，眉目清楚，层次分明。

③表格式审计报告　将审计的结果填写在事先设计好的表格栏目内，审计情况和问题一目了然。这种审计报告形式，主要用于定期保送审计。如乡镇经管站对村级集体经济组织的日常财务收支审计，大多采用表格式。

④综合式审计报告　这种体裁采用文字和图标相结合的形式，全面地反映被审单位的情况和审查出主要问题及其证据。这种形式综合了上述几种形式的优点、适用性强，在财经法纪审计和乡镇企业效益审计中，大多采用这种体裁。

2. 审计档案

审计档案是审计机构和人员，在审计活动中直接形成的，具有保存价值的各种形式的历史记录，按一定的要求归类、装订、立卷的文件总称。主要包括：审计决定、审计报告、审计工作底稿、各种审计证据、审计工作方案、审计通知书等，以及在审计活动中形成的电报、报表、信函、凭证、笔录、照片、音像磁带、电子磁盘、录像磁盘、电子数据等。审计档案是审计监督活动的真实记录，包含了审计工作的所有重要资料，可在审计工作结束后，提供调查了解的证据，供有关部门了解审计案情，查找有关材料、证据。它是审计工作的成果和结晶，是宝贵的信息资料，是研究审计发展的重要资料。审计档案是一种专业档案，它反映了审计活动的全过程，是审计工作成果完整、系统、全面的总结。它除了具有其他档案共性的作用外，还具有审计方面的特殊作用。如确定工作责任、为审计理论研究提供素材、便于继续审计等。审计档案立卷应当坚持集中统一管理、谁审计谁立卷、审计监督和行政管理两类文件材料分开立卷的原则。

第三节 农村金融与农业保险

一、农村金融

1. 农村金融体系构成

目前，我国农村金融体系实际上由两大类金融组织机构构成：一类是正规金融机构，主要以中国农业发展银行、中国农业银行、农村信用社为核心，还包括农业商业银行、邮政储蓄机构，保险公司、信托投资公司、村镇银行和农村资金互助社等；另一类是非正规（民间）金融机构，如私人贷款、当铺等。中国农业发展银行、中国农业银行和农村信用社是中国农村的三大正规金融组织，也是中国农村最大的农村金融机构。村镇银行和农村资金互助社的出现则标志中国农村金融领域内的以金融机构多元化为中心内容的新一轮制度变迁正式启动。

（1）中国农业发展银行

中国农业发展银行成立于1994年，是直属国务院领导的我国唯一的一家农业政策性银行。在机构设置上实行总行、一级分行、二级分行、支行制；在管理上实行总行一级法人制，总行行长为法定代表人；系统内实行垂直领导的管理体制，各分支机构在总行授权范围内依法依规开展业务经营活动，其服务网络遍布除西藏自治区外的中国大陆地区。主要职责是按照国家的法律、法规和方针、政策，以国家信用为基础，筹集资金，承担国家规定的农业政策性金融业务，代理财政支农资金的拨付，为农业和农村经济发展服务。

中国农业发展的资金由注册资本和营运资金两部分构成。其注册资本为200亿元人民币，注册资本来源两部分：一是中国农业银行、中国工商银行划转的信贷基金，二是财政部划转的信贷基金。其营运资金来源渠道包括：业务范围内开户企事业单位的存款；财政支农资金；发行金融债券筹集的资金；向中国人民银行申请的再贷款、再贴现资金；境外筹资，包括向国外政府、国际金融机构的借款和从金融市场筹资。

中国农业发展银行成立以来，国务院对其业务范围进行过多次调整。中国农业发展银行目前的主要业务是：

①办理粮食、棉花、油料收购、储备、调销贷款；

②办理肉类、食糖、烟叶、羊毛、化肥等专项储备贷款；

③办理粮食、棉花、油料加工企业和农、林、牧、副、渔业的产业化龙头企业贷款；

④办理粮食、棉花、油料种子贷款；

⑤办理粮食仓储设施及棉花企业技术设备改造贷款；

⑥办理农业小企业贷款和农业科技贷款；

⑦办理农业基础设施建设贷款，支持范围限于农村路网、电网、水网（包括饮水工程）、信息网（邮政、电信）建设，农村能源和环境设施建设；

⑧办理农业综合开发贷款，支持范围限于农田水利基本建设、农业技术服务体系和农村流通体系建设；

⑨办理农业生产资料贷款，支持范围限于农业生产资料的流通和销售环节；

⑩代理财政支农资金的拨付；

⑪办理业务范围内企事业单位的存款及协议存款、同业存款等业务；

⑫办理开户企事业单位结算；

⑬发行金融债券；

⑭资金交易业务；

⑮办理代理保险、代理资金结算、代收代付等中间业务；

⑯办理粮棉油政策性贷款企业进出口贸易项下的国际结算业务以及与国际业务相配套的外汇存款、外汇汇款、同业外汇拆借、代客外汇买卖和结汇、售汇业务；

⑰办理经国务院或中国银行业监督管理委员会批准的其他业务。

近年来，中国农业发展银行以科学发展观为指导，认真贯彻2004年国务院第57次常务会议精神，坚决服从和服务于国家宏观调控，全面落实国家各项强农惠农政策，把实现良好的社会效益作为最重要的价值追求。目前，形成了以支持国家粮棉购销储业务为主体、以支持农业产业化经营和农业农村基础设施建设为两翼的业务发展格局，初步建立现代银行框架，经营业绩实现重大跨越，有效发挥了在农村金融中的骨干和支柱作用。随着社会主义新农村建设的全面推进和农村金融体制改革的不断深化，中国农业发展银行进入重要发展机遇期。

（2）中国农业银行

中国农业银行最初成立于1951年，1979年2月再次恢复成立后，成为在农村经济领域占主导地位的国有专业银行。1994年中国农业发展银行分设，1996年农村信用社与农行脱离行政隶属关系，中国农业银行开始向国有独资商业银行转变。2009 年 1 月 15 日，中国农业银行完成工商变更登记手续，由国有独资商业银行整体改制为股份有限公司，并更名为“中国农业银行股份有限公司”。

中国农业银行的发展大致经历了 5 个阶段。第一阶段从 1951—1952 年，新中国成立后，为了加强农村金融工作，促进土地改革后农村以发展生产为中心任务的实现，经政务院批准，于 1951 年 8 月正式成立了中国农业合作银行。其任务是按照国家计划办理农业的财政拨款和一年以上的农业长期贷款，扶持农村信用合作的发展。农业合作银行成立后，对所赋予的财政拨款和长期贷款业务基本上没有开展，1952 年由于精简机构而撤销。第二阶段从 1955—1957 年，为了贯彻国家关于增加对农业合作化信贷支援的要求，根据当时农业生产发展情况和参照苏联做法，经国务院批准，1955 年 3 月成立中国农业银行。其任务主要是办理财政支农拨款和农业长期贷款与短期贷款，贷款对象主要限于生产合作组织和个体农民，贷款用途限于农业生产，其他农村金融业务仍由人民银行办理。1957 年 4 月，国务院决定将中国农业银行与中国人民银行合并。第三阶段从 1963—1965 年，1963 年在贯彻国民经济“调整、巩固、充实、提高”方针中，国家采取加强农业的措施，增加对农业的资金支援。为了加强对国家支农资金的统一管理和农村各项资金的统筹安排，防止发生浪费资金和挪用资金的现象，1963 年 11 月，全国人民代表大会常务委员会通过决议，批准建立中国农业银行，作为国务院的直属机构，根据中共中央和国务院关于建立中国农业银行的决定，这次农业银行机构的建立，从中央到省、地、县，一直设到基层营业所。但是，在精简机构的形势下，经国家批准，1965 年 11 月，中国农业银行和中国人民银行再次合并。第四阶段从 1979—1994 年，1978 年 12 月，党的十一届三中全会明确提出“恢复中国农业银行，大力发展农村信贷事业。”1979 年 2 月，国务院发出《关于恢复中国农业银行的通知》，决定正式恢复中国农业银行，恢复后的中国农业银行是国务院的直属机构，由中国人民银行监管。农业银行的主要任务是，统一管理支农资金，集中办理农村信贷，领导农村信用合作社，发展农村金融事业。第五阶段从 1994 年 4 月起至今，1993 年 12 月国务院作出了《关于金融体制改革的决定》，要求通过改革逐步建立在中国人民银行统一监督和管理下，中国农业发展银行、中国农业银行和农村合作金融组织密切配合、协调发展的农村金融体系。1994 年 4 月中国农业发展银行从中国农业银行分设成立，粮棉油收购资金供应与管理等政策性业务与农业银行分离，农业银行开始按照 1995 年颁布实施的《中华人民共和国商业银行法》，逐步探索现代商业银行的运营机制。1996 年 8 月，国务院又作出《关于农村金融体制改革的决定》，要求建立和完善以合作经营为基础，商业性金融、政策性经营分工协作的农村金融体系。农业银行认真贯彻执行《决定》的有关精神，积极支持农业发展银行省级以下分支机构的设立和农村信用社与农业银行脱离行政隶属关系的改革。1997 年，农业银行基本完成了作为国家专业银行“一身三任”的历史使命，开始进入了真正向国有商业银行转化的新的历史时期。2009 年，中国农业银行完成工商变更登记手续，由国有独资商业银行整体改制为股份有限公司，并更名为“中国农业银行股份有限公司”。2010 年 7 月 15 日，中国农业银行上市，至此中国四大国有商业银行股份制改革全部完成。

（3）农村信用社

农村信用社（农村信用合作社、农信社）指经中国人民银行批准设立、由社员入股组成、实行民主管理、主要为社员提供金融服务的农村合作金融机构。农村信用社是独立的企业法人，以其全部资产对农村信用社债务承担责任，依法享有民事权利。其财产、合法权益和依法开展的业务活动受国家法律保护。其主要任务是筹集农村闲散资金，为农业、农民和农村经济发展提供金融服务。依照国家法律和金融政策规定，组织和调节农村基金，支持农业生产和农村综合发展，支持各种形式的合作经济和社员家庭经济，限制和打击高利贷。农村信用社的组织机构一般按乡镇设置，是独立核算的法人经济实体，县、市、省各级一般都设立联合社。

农村信用社作为银行类金融机构有其自身的特点，主要体现在组织上的群众性、管理上的民主性和业务经营上的灵活性。农村信用社是根据自愿互利原则，由农村个人和合作经济单位、农村企业入股组织起来的，独立核算、独立经营、自负盈亏，入社自愿、退社自由。农村信用社的最高权力机构是社员代表大会，并成立有理事会、监事会或管理委员会，建立各级联社作为民主管理的组织形式，农村信用社的一切重大事项，如业务计划、分配制度、人事制度等，都要经过理事会或者社员代表大会民主讨论通过，然后按规定程序报上级联社批准执行。农村信用社的资金，优先用于农村，以农业生产为主和以流动资金为主、保证农业贷款需求的情况下，可以经营农村工商信贷业务。

从 1984 年提出对农村信用社进行重大改革到 1996 年国务院提出农村信用社与农业银行脱钩，是信用社向合作制道路迈进的初步改革时期。1996 年 8 月国务院下发了《国务院关于农村金融体制改革的决定》，强调指出改革的重点是改革农村信用社管理体制，把农村信用社改造成真正的合作金融组织。《决定》指出：“深化农村信用社改革，改进农村金融服务，关系到农村信用社的稳定健康发展，事关农业发展、农民增收、农村稳定的大局”。

（4）村镇银行

2006年12月22日中国银行业监督管理委员会公布了《关于调整放宽农村地区银行业金融机构准入政策更好支持社会主义新农村建设的若干意见》中在准入资本范围、注册资本限额，投资人资格、业务准入、高级管理人员准入资格、行政审批、公司治理等方面均有所突破。其中，最重要的突破在于两项放开：一是对所有社会资本放开。境内外银行资本、产业资本、民间资本都可以到农村地区投资、收购、新设银行业金融机构。二是对所有金融机构放开。调低注册资本，取消营运资金限制。在县（市）设立的村镇银行，其注册资本不得低于人民币300万元；在乡（镇）设立的村镇银行，其注册资本不得低于人民币100万元。在乡（镇）新设立的信用合作组织，其注册资本不得低于人民币30万元；在行政村新设立的信用合作组织，其注册资本不得低于人民币10万元。放开准入资本范围，积极支持和引导境内外银行资本、产业资本和民间资本到农村地区投资、收购、新设以下各类银行业金融机构。新设银行业法人机构总部原则上设在农村地区，也可以设在大中城市，但其具备贷款服务功能的营业网点只能设在县（市）或县（市）以下的乡（镇）和行政村。农村地区各类银行业金融机构，尤其是新设立的机构，其金融服务必须能够覆盖机构所在地辖内的乡（镇）或行政村。在此背景下，2007年3月首批村镇银行在国内6个试点省诞生。

村镇银行是指经中国银行业监督管理委员会依据有关法律、法规批准，由境内外金融机构、境内非金融机构企业法人、境内自然人出资，在农村地区设立的主要为当地农民、农业和农村经济发展提供金融服务的银行业金融机构。村镇银行是独立法人，主要为当地农民、农业和农村经济发展提供金融服务。村镇银行可以经营吸收公众存款，发放短期、中期和长期贷款，办理国内结算，办理票据承兑与贴现，从事同业拆借，从事银行卡业务，代理发行、代理兑付、承销政府债券，代理收付款项及代理保险业务以及经银行业监督管理机构批准的其他业务。按照国家有关规定，村镇银行还可代理政策性银行、商业银行和保险公司、证券公司等金融机构的业务。村镇银行作为新型银行业金融机构的主要试点机构，拥有机制灵活、依托现有银行金融机构等优势，自2007年以来取得了快速的发展，对我国农村金融市场供给不足、竞争不充分的局面起到了很大的改善作用。截至2011年5月末全国共组建村镇银行536家，资产总额1 492.6亿元，其中贷款余额870.5亿元；负债总额1 217.9亿元，其中存款余额1 006.7亿元；所有者权益274.7亿元，其中实收资本260.2亿元。

村镇银行设立的程序是：有意发起设立村镇银行且符合条件的银行业金融机构应向银监会提出申请，并附村镇银行发展战略、跨区域发展自我评估报告、年度村镇银行发起设立规划等材料。对于实施属地监管的法人机构，应同时抄送属地银监局。属地银监局应在收到相关申请后15个工作日内出具意见，报送银监会。经银监会核准后，相关银行业金融机构继续按照2008年出台的《农村中小金融机构行政许可事项实施办法》有关规定，向拟设村镇银行所在地银监局、银监分局申请筹建及开业。《农村中小金融机构行政许可事项实施办法》中规定村镇银行的设立应当经过筹建和开业两个阶段，其中，村镇银行的筹建申请，由银监分局或所在城市银监局受理，银监局审查并决定。银监局自收到完整申请材料之日起或自受理之日起4个月内作出批准或者不批准的书面决定。村镇银行的开业申请，由银监分局或所在城市银监局受理、审查并决定。银监分局或所在城市银监局自受理之日起2个月内作出核准或者不予核准的书面决定。

（5）农村资金互助社

农村资金互助社是指经银行业监督管理机构批准，由乡（镇）、行政村农民和农村小企业自愿入股组成，为社员提供存款、贷款、结算等业务的社区互助性银行业金融机构。农村资金互助社实行社员民主管理，以服务社员为宗旨，谋求社员共同利益。农村资金互助社是独立的法人，对社员股金、积累及合法取得的其他资产所形成的法人财产，享有占有、使用、收益和处分的权利，并以上述财产对债务承担责任。农村资金互助社的合法权益和依法开展经营活动受法律保护，任何单位和个人不得侵犯。农村资金互助社社员以其社员股金和在本社的社员积累为限对该社承担责任。农村资金互助社从事经营活动，应遵守有关法律法规和国家金融方针政策，诚实守信，审慎经营，依法接受银行业监督管理机构的监管。

设立农村资金互助社应符合以下条件：有符合本规定要求的章程；有10名以上符合本规定社员条件要求的发起人；有符合本规定要求的注册资本。在乡（镇）设立的，注册资本不低于30万元人民币，在行政村设立的，注册资本不低于10万元人民币，注册资本应为实缴资本；有符合任职资格的理事、经理和具备从业条件的工作人员；有符合要求的营业场所，安全防范设施和与业务有关的其他设施；有符合规定的组织机构和管理制度；银行业监督管理机构规定的其他条件。

农村资金互助社社员是指符合《农村资金互助社管理暂行规定》要求的入股条件，承认并遵守章程，向农村资金互助社入股的农民及农村小企业。章程也可以限定其社员为某一农村经济组织的成员。农村小企业向农村资金互助社入股应符合以下条件：注册地或主要营业场所在入股农村资金互助社所在乡（镇）或行政村内；具有良好的信用记录；上一年度盈利；年终分配后净资产达到全部资产的10%以上（合并会计报表口径）；入股资金为自有资金且来源合法，达到章程规定的入股金额起点；银行业监督管理机构规定的其他条件。单个农民或单个农村小企业向资金互助社入股，其持股比例不得超过资金互助社股本总额的10%，超过5%的应经银行业监管部门批准。社员入股必须以货币出资，不得以实物、贷款或其他方式入股。农村资金互助社应向入股社员颁发记名股金证，作为社员的入股凭证。

农村资金互助社社员大会由全体社员组成，是该社的权力机构。社员超过100人的，可以由全体社员选举产生不少于31名的社员代表组成社员代表大会，社员代表大会按照章程规定行使社员大会职权。农村资金互助社召开社员大会（社员代表大会），出席人数应当达到社员（社员代表）总数2/3以上。社员大会（社员代表大会）选举或者作出决议，应当由该社社员（社员代表）表决权总数过半数通过；作出修改章程或者合并、分立、解散和清算的决议应当由该社社员表决权总数的2/3以上通过。章程对表决权数有较高规定的，从其规定。农村资金互助社社员大会（社员代表大会）每年至少召开一次。农村资金互助社社员大会（社员代表大会）由理事会召集，不设理事会的由经理召集，应于会议召开15日前将会议时间、地点及审议事项通知全体社员（社员代表）。章程另有规定的除外。农村资金互助社召开社员大会（社员代表大会）、理事会应提前5个工作日通知属地银行业监督管理机构，银行业监督管理机构有权参加。社员大会（社员代表大会）、理事会决议应在会后10日内报送银行业监督管理机构备案。

农村资金互助社以吸收社员存款、接受社会捐赠资金和向其他银行业金融机构融入资金作为资金来源。农村资金互助社接受社会捐赠资金，应由属地银行业监督管理机构对捐赠人身份和资金来源合法性进行审核；向其他银行业金融机构融入资金应符合本规定要求的审慎条件。农村资金互助社的资金应主要用于发放社员贷款，满足社员贷款需求后确有富余的可存放其他银行业金融机构，也可购买国债和金融债券。农村资金互助社发放大额贷款、购买国债或金融债券、向其他银行业金融机构融入资金，应事先征求理事会、监事会意见。农村资金互助社不得向非社员吸收存款、发放贷款及办理其他金融业务，不得以该社资产为其他单位或个人提供担保。农村资金互助社根据其业务经营需要，考虑安全因素，应按存款和股金总额一定比例合理核定库存现金限额。

2. 农村金融体系改革历程及方向

农村金融体系对农业和农村发展起着巨大支持作用，改善了城乡金融关系，为中央银行货币政策在农村的实施架设了一座桥梁。新中国成立后，随着农村经济的发展，农村金融体系逐渐由单一的国家银行系统分化改组成政策性金融、商业性金融、合作性金融三大体系，在广大农村地区形成融资渠道多元化、信用形式多样化的局面。

总体而言，我国农村金融体系的发展经历了曲折发展的 5 个阶段。第一阶段从 1949—1957 年，中国人民银行设立了农村金融管理部门，然后建立了农业合作银行，接着中国农业银行成立，指导和扶助农信社，农村金融体系建立雏形。第二阶段从 1958—1978 年，属于“大跃进”和“文化大革命”的 20 年，农村金融体系发展十分曲折，中国农业银行没有以真正的金融中介存在；信用社业务经营曾一度陷入停顿与衰退，最后成为农业银行的附属物，失去了原有的合作金融组织性质。与此同时，农村高利贷现象日趋严重。第三阶段从 1979—1996 年，改革开放后，我国对农村金融体系进行了全面改革。此阶段初步理顺了农业银行和信用社之间的关系，农业银行与信用社是政策上领导与被领导、业务上指导与被指导、具体工作上独立的关系；同时农业银行由国家专业银行开始向国有商业银行转变，中国农业发展银行组建并承担政策性业务，民间信用也获得了一定的发展。第四阶段从 1997—2005 年，农村金融结构出现了重大调整，随着四大国有商业银行的退出以及对非正规金融的整顿，农村信用社成为农村金融的主力军。农村金融供给的相对萎缩与蓬勃发展的农村经济主体对金融需求之间的矛盾非常明显地显现出来，从而对农村金融体系的重构提出了更为迫切的要求。曾经在农村金融活动中发挥重要作用，具有重要地位的农村合作基金会 1999 年在全国被统一取缔。第五阶段从 2006 年至今，2006 年中央一号文件鼓励在县域内设立多种所有制的社区金融机构，大力培育小额贷款组织，引导农户发展资金互助组织，加大农村金融改革和扶持力度，有效解决农村地区银行业金融机构网点覆盖率低、金融供给不足、竞争不充分等问题，切实提高农村金融服务充分性的要求。同时，中国银监会出台的降低农村金融业准入门槛的意见。2007 年第三次全国金融工作会议召开，国务院总理温家宝提出，加快建立健全农村金融体系，推进农村金融组织创新，适度调整和放宽农村地区金融机构准入政策，降低准入门槛，鼓励和支持发展适合农村需求特点的多种所有制金融组织，积极培育多种形式的小额信贷组织，奠定了未来农村金融改革的方向和格局。

农村金融改革有两个重点：一是进一步界定、分离出中国农业银行中的政策性业务，集中力量推进农村信用社的改革，深化农村信用社改革试点工作；二是扩大培育和发展新型农村金融机构。

(1) 农村信用社改革

农村信用社是目前农村正规金融中的主力军，因此对农信社的改革构成了今后农村金融体制改革的重点。农村信用社成立以来，由于受到宏观经济体制和经济发展形势的影响，农村信用社走过了一条自我否定的道路，逐渐从创社之初的合作金融组织演变成改革前的国际银行基层机构，从民办走向官办，基本丧失了合作组织的性质与功能。之后的改革一直致力于恢复其“三性”，但是，农村信用社无论是在自身建设，还是在为“三农”服务等方面，都还存在不少问题，主要是：产权不明晰，法人治理结构不完善，经营机制和内控制度不健全，管理体制不顺，管理职权和责任需要进一步明确，历史包袱沉重。资产质量差，经营困难，潜在风险仍然很大。

21 世纪以来，农村信用社领域进行了三种模式的试点。①原有农村信用社框架内的重组模式：即 2000—2001 年进行的以县为单位统一法人、组建省联社为标志的江苏模式；②股份制模式：即 2001 年在信用社基础上改组成立的常熟、张家港、江阴三市农村商业银行模式；③农村合作银行模式：即 2003 年 4 月在农村信用社基础上改组的浙江鄞州农村合作银行试点模式。以上三种模式各具不同的优点和缺点，并不存在一个最优的模式，不能以股份制、股份合作制代替合作制。除以上三种模式外，还有专家建议在调整金融准入政策的基础上，允许城市商业银行、股份制商业银行甚至外资银行收购农村信用社，以此带动农信社的体制改革。不论如何改革，农村信用合作社改革必须要化解合作性质与商业化性质的矛盾，非营利性行为与商业化行为的矛盾。其重点是要解决好两个问题：一是明晰产权关系，完善法人治理结构；二是理顺管理体制，增强服务功能。

（2）扩大培育和发展新型农村金融机构

新型农村金融机构虽然获得了较快发展，但由于试点时间短，数量少，范围小，加之农村金融的复杂性和改善农村金融服务的艰巨性，现有新型农村金融机构对缓解整个农村金融问题作用有限，农村金融仍然是整个金融体系中最薄弱的环节，进一步扩大培育和发展新型农村金融机构仍然非常必要：一是有利于缓解农村金融服务不足的矛盾。目前，为农村提供主要金融服务的农村合作金融机构服务能力和水平还有限，农村人均拥有机构网点、从业人员与实际需求相比差距仍然较大，农村金融服务不足矛盾仍很突出。二是有利于提高农村金融服务覆盖率。三是有利于改进农村金融市场竞争状况。目前，农村吸储机构众多，但提供贷款等服务的机构大多却只有农村合作金融机构和农业银行，资金回流现象不同程度存在，垄断经营情况仍较普遍，市场结构失衡，竞争有待进一步加强。四是有利于发挥各方参与机构培育发展的积极性。各级政府、各类资本通过各种方式向监管部门表达了设立新型农村金融机构、发展农村金融业务、改善农村金融服务、缓解中小企业融资难的强烈愿望。为此，加大新型农村金融机构培育力度，有效促进金融支持社会主义新农村建设和中小企业发展显得十分紧迫和必要。

二、政策性农业保险

1. 政策性农业保险概述

我国农业保险包括商业农业保险和政策性农业保险两种。农业生产的特殊性，使得农业保险具有准公共产品属性，决定了农业保险具有较强的外部性，这与商业保险的趋利性产生了很大的矛盾，从而导致商业农业保险市场占有率较小。因此，我们一般情况下说农业保险就是指政策性农业保险。农业保险是市场经济国家扶持农业发展的通行做法。通过政策性农业保险，可以在世贸组织规则允许的范围内，代替直接补贴对我国农业实施合理有效的保护，减轻加入世贸组织带来的冲击，减少自然灾害对农业生产的影响，稳定农民收入，促进农业和农村经济的发展。在中国，农业保险又是解决“三农”问题的重要组成部分。

我国近代农业保险已有 80 年的发展历史。历经 20 世纪 20 年代的小范围内试办、50 年代农业保险的兴起和停办、1982 年恢复，此后经历两个阶段。

第一阶段，恢复与波动发展阶段（1982—2003 年）。1982 年开始由民政部门、农业部门、保险公司等陆续开办农业保险业务，业务发展呈现快速上升趋势，1992 年农业保险费收入达到 8.62 亿元。同时，赔付率也大幅上升，1991 年农业保险的赔付率达到 119%。随着政府支持性措施减弱，特别是中国人民保险公司开始向商业性保险公司转变后，农业保险业务逐步萎缩。2000 年农业保险保费收入下降到 3.87 亿元，2002 年又减到 3.0 亿元，全国农民人均缴纳保费不足 1 元。据统计，1982—2002 年期间，农业保险的平均赔付率高达 88%，远高于农业保险经营盈亏平衡点 79% 的赔付率，导致农业保险业务长期亏损，各家保险公司相继取消了农业保险的经营。只有中国人民保险公司上海分公司、新疆建设兵团财产保险公司仍有经营，但品种、规模很小。这一阶段我国农业保险业经历了恢复后快速发展到萎缩低迷的发展时期。

第二阶段，破冰与升温发展阶段（2004 年至今）。由于近年来“三农”问题的不断升温，加之入世过渡期终结的日益临近，农业保险对“三农”的保护伞作用日益突出，农业政策性保险受到了政府和社会的关注。2004 年中国保监会在上海、黑龙江、吉林等 9 个省、区、市启动了农业保险试点工作。2006 年，国务院下发了《国务院关于保险业改革发展的若干意见》，要求积极稳妥推进试点，发展多形式、多渠道的农业保险。要认真总结试点经验，研究制定支持政策，探索建立适合我国国情的农业保险发展模式，将农业保险作为支农方式的创新，纳入农业支持保护体系。发挥中央、地方、保险公司、龙头企业、农户等各方面的积极性，发挥农业部门在推动农业保险立法、引导农民投保、协调各方关系、促进农业保险发展等方面的作用，扩大农业保险覆盖面，有步骤地建立多形式经营、多渠道支持的农业保险体系。要明确政策性农业保险的业务范围，并给予政策支持，促进我国农业保险的发展。改变单一、事后财政补助的农业灾害救助模式，逐步建立政策性农业保险与财政补助相结合的农业风险防范与救助机制。探索中央和地方财政对农户投保给予补贴的方式、品种和比例，对保险公司经营的政策性农业保险适当给予经营管理费补贴，逐步建立农业保险发展的长效机制。完善多层次的农业巨灾风险转移分担机制，探索建立中央、地方财政支持的农业再保险体系。探索发展相互制、合作制等多种形式的农业保险组织。鼓励龙头企业资助农户参加农业保险。支持保险公司开发保障适度、保费低廉、保单通俗的农业保险产品，建立适合农业保险的服务网络和销售渠道。支持农业保险公司开办特色农业和其他涉农保险业务，提高农业保险服务水平。

我国农业保险按农业种类不同分为种植业保险、养殖业保险；按危险性质分为自然灾害损失保险、病虫害损失保险、疾病死亡保险、意外事故损失保险；按保险责任范围不同，可分为基本责任险、综合责任险和一切险；按赔付办法可分为种植业损失险和收获险。农业保险的保险标的包括农作物栽培（农业）、营造森林（林业）、畜禽饲养（畜牧业）、水产养殖、捕捞（渔业）以农村中附属于农业生产活动的副业。

我国开办的农业保险主要险种有：农产品保险，生猪保险，牲畜保险，奶牛保险，耕牛保险，山羊保险，养鱼保险，养鹿、养鸭、养鸡等保险，对虾、蚌珍珠等保险，家禽综合保险，水稻、蔬菜保险，稻麦场、森林火灾保险，烤烟种植、西瓜雹灾、香梨收获、小麦冻害、棉花种植、棉田地膜覆盖雹灾等保险，苹果、鸭梨、烤烟保险等。

2. 江西省政策性农业保险

江西省农业比重较大，是自然灾害多发省份之一，近10年因各种自然灾害造成年平均农业直接经济损失达86亿元。推进政策性农业保险试点，符合广大农民多年来的心愿，符合统筹城乡发展的决策部署，有利于增强农业抗风险能力，有利于持续稳定地增加农民收入。2006年，江西省人民政府下发了《江西省人民政府关于保险业改革发展的实施意见》，要求积极探索农业保险发展模式，加快构建农业的支撑保障机制。2009年3月3日，省农业厅、省财政厅、省林业厅、江西保监局、人保财险江西省分公司等部门联合下发了《江西省政策性农业保险总体方案》，随后印发了各险种子方案。

（1）指导思想和基本原则

以科学发展观为指导，以农业发展、农村和谐、农民富裕为目标，逐步构建多层次保障、多渠道支持的保农业持续发展，农村长期稳定的保障机制和农业保险制度框架。

开展政策性农业保险，遵循政府引导、市场运作、自主自愿、分步实施、协同推进的原则。①政府引导。政府运用保费补贴等手段，引导和鼓励农户、农业企业、专业合作经济组织参加保险，积极推动政策性农业保险业务的开展。②市场运作。遵循市场经济规律，坚持经营主体多元化，按照竞争、择优的原则，从省内外优质保险公司中遴选承保公司。承保公司应以市场化经营为依托，重视业务经营风险，建立风险预警管控机制，积极运用市场化手段防范和化解风险。③自主自愿。开展农业保险宣传推广活动，引导农户、农业企业、专业合作经济组织等自愿投保。④分步实施。按照“先行起步，逐步完善，全面推广”的思路，选择政府和群众积极性较高，并具备试点条件和工作基础的地区和领域先行试点，以点带面，逐步推进。⑤协同推进。将保费补贴政策同农业信贷以及其他支农惠农政策有机结合，发挥各项政策的综合效应；宣传、财政、农业、林业、民政、气象、保监以及承保公司等部门和单位，加强协调与联动，形成合力，共同参与农业保险的承保、查勘、定损、理赔等各环节工作。

（2）保险试点内容

①全省开展保险的品种：能繁母猪、奶牛、林木、水稻、棉花、油料作物。

②部分县（区）开展试点的品种：柑橘、育肥猪。2009 年水稻保险选择 31 个粮食产量高产示范县为试点县（市、区），2010 年扩大到 62 个县（市、区），2011 年实现全省覆盖。

（3）保障水平

保障水平坚持“低保障、广覆盖”原则，以保障农民灾后恢复生产为出发点。种植业保障水平原则上以保险标的生长期内所发生的直接物化成本为主，养殖业保障水平则参照投保个体的生理价值确定。保险费率厘定要综合考虑农民的经济承受能力、各级财力以及保险公司的可持续经营能力。

中央和省财政选择扶持的政策性农业保险险种的保险金额和费率实行全省统一标准。地方自主选择扶持的特色农业保险品种的保险金额和费率由保险机构商有关部门及试点地区共同制订，报保险监管部门备案后执行。

①保险金额　能繁母猪 1 000元/头，奶牛 2 000元/头或 5 000元/头（根据不同月龄）供农户选择，林木根据树龄不同 200 ~ 600 元/亩由农户自行选择；水稻

200 元/亩，棉花 200 元/亩，油菜 150 元/亩，花生 300 元/亩；柑橘平均 2 000 元/亩，育肥猪 500 元/头。

②保险费率　能繁母猪 6%、奶牛 6%、林木 4‰；水稻 6%、棉花 6%、油料作物 5%；柑橘 2%，育肥猪 4 %。保险金额和费率根据经济社会发展水平、地方财力、农业生产力水平变化等因素定期调整。

（4）保险责任

政策性农业保险责任范围的确定要本着简便易行的原则，以保大灾为主。保险责任要基本覆盖全省发生较为频繁和易造成较大损失的灾害风险。

种植业以旱灾、洪水（政府行蓄洪除外）、内涝、风灾、雹灾、冻灾为主要保险责任。

养殖业以疾病死亡、意外事故死亡为主要保险责任。

林业以火灾为主要保险责任。

（5）参保对象和方式

符合参保条件的所有农（林）户、种养大户、农（林）业企业、农（林）业合作经济组织、规模农（林）场、农（林）业园区等，均可投保。

（6）保险机构

政策性农业保险业务的承保公司，根据市场化和经营主体多元化的原则，从国内综合实力强、服务优质的保险公司中遴选。鼓励有积极性、有资质、有信誉、服务网络完善的保险机构参与竞争江西省政策性农业保险业务。

承保公司要对政策性农业保险保费收入实行单列账户，独立核算，专项管理。

根据江西省实际，综合考虑工作基础、专业技术、机构网络、资金实力等因素，现阶段江西省政策性农业保险业务由中国人民财产保险股份有限公司江西省分公司承办。自 2009 年起，以后每三年由省政府金融办牵头组织有关部门，对政策性农业保险承保公司经营情况、服务水平进行评估，并据评估结果和全省政策性农业保险工作发展情况，确定下一阶段政策性农业保险业务的承保公司。

（7）保费补贴及资金结算

①保费补贴比例　能繁母猪保险：中央财政补贴 30 元/头，省财政补贴 12 元/头，县财政补贴 6 元/头，其余保费由投保人承担；奶牛保险：中央财政补贴 30%，省财政补贴 30%，其余保费由投保人承担；林木火灾保险：公益林由中央、省、县财政补贴 80%；在中央财政未明确补贴政策之前，保费补贴省财政、县财政、投保人分别按 30%、10%、60% 的比例负担，商品林由中央、省、县财政补贴 50%，在中央财政未明确补贴政策之前，保费补贴省财政、县财政、投保

人分别按20%、10%、70%的比例承担；水稻、棉花、油料作物保险：中央财政补贴35%、省财政补贴25%、县财政补贴5%，其余保费由投保人承担，若中央财政提高补贴比例，相应减少投保人承担比例；柑橘保险：省财政补贴10%，市财政补贴10%，县财政补贴20%，其余保费由投保人承担；育肥猪保险：省财政补20%，县财政补贴10%，其余保费由投保人承担；有条件的县（区）可视财力情况适当提高保费补贴比例或根据地方农业特色选择其他品种作为本地财政扶持的农业保险试点项目。

②保费补贴资金支付方式　政策性农业保险保费补贴资金实行国库集中支付，具体方案由省财政厅、保险承办机构研究确定。

（8）风险管理

为确保政策性农业保险持续健康发展，防范和化解经营风险，承保公司应建立巨灾风险准备金制度。巨灾风险准备金遵循"以丰补歉"原则，每年按照政策性农业保险独立核算账户会计年度经营盈余的50%提取，并于次年一季度转入巨灾风险准备金专户，逐年滚存，定向使用。在核定政策性农业保险独立核算账户经营盈余时，原则上其管理费用不得超过当年保费的25%，且管理费用只能专项用于该项农业保险的承保、查勘、定损和理赔等工作费用支出。

当全省政策性农业保险年度综合赔付率达160%时，承保公司可申请动用巨灾风险准备金以支付赔款。巨灾风险准备金只用于支付赔付率为160%～250%之间的赔付，不足部分可申请省财政部分补贴；超出250%部分，由承保公司利用再保险等市场机制，努力分散经营风险，保证农业保险业务稳健发展。

第四节　农业社会化服务体系

一、农业社会化服务体系概念及作用

农业社会化服务体系，是指为保证农业生产和再生产的顺利实现，围绕农产品生产和经营各个环节的需要，提供各类服务的组织系统。农业社会化服务体系是一个由专业经济部门、农村合作经济组织和社会其他服务实体组成的综合服务系统，主要包括政府的公共服务体系、农民的合作服务体系和公司的经营性服务体系。从国内外经验看，通过农业的社会化服务，满足了农、林、牧、渔等产业发展中产前、产中、产后过程的各类需求，提高了农民的组织化程度，促进了传统农业向现代农业的转变。其主要作用体现在：

1. 有利于解决小生产与大市场之间的矛盾

分户经营的“小生产”模式使得广大农民单枪匹马闯荡市场，存在信息不灵、规模过小、成本较高、风险较大等诸多问题。建立健全农业社会化服务体系，可以为农户提供及时准确的市场信息，价格合理、质量可靠的生产资料，更重要的是提供通畅的产品销售渠道，减少农业生产经营者生产的盲目性，有利于保护其流通环节的经济利益，增加农户收入。完善的农业社会化服务体系构建了一座农产品生产与市场的桥梁，成为小规模生产与大规模市场之间紧密联系的纽带。

2. 有利于国家对农业的宏观调控

在市场经济条件下，农业生产经营者作为市场主体，享有自主生产经营权利。国家对农业的宏观调控已经不能完全依赖计划经济条件下的直接行政指令，转变为主要依靠经济手段的间接调控。但政府面对着的是数以亿计的高度分散的农户，直接分别与之进行联系是非常困难的，这在客观上要求加速建立健全作为联系政府与广大农户之间纽带的农业社会化服务体系，为国家农业政策迅速、准确传播提供有效的渠道，为各项支农政策的落实提供组织保证。国家通过推进政府的公共服务体系和引导农民的合作服务体系和公司的经营性服务体系开展各类活动，影响农户的生产经营活动，形成国家政策引导农业社会化服务体系，农业社会化服务体系引导农户的有效机制，达到国家宏观政策目标与农户微观经济利益的有效统一。

3. 有利于农业科技创新与科研成果转化，加速农业科技进步的步伐

中外实践表明，农业社会化服务体系是农业科技进步的有效组织载体。世界各国都将农业科研和农业技术推广作为政府的公益性职能，在财政方面给予大力支持。我国农业科技虽已取得重要进步但总体水平还偏弱，突出表现在农业科研成果转化和推广应用水平仍然不高。据统计，“十一五”期间，农业科技成果转化率只有40%左右，远低于发达国家80%以上的水平。因此，大力推进农业科技创新体系和推广体系的建设，对推动农业科技创新，促进农业科研成果转化为现实生产力，加快农业科技进步，提高我国农业生产力水平和我国农业的国际竞争力，有着十分重要的意义。

4. 有利于农业现代化发展

我国社会主义市场经济体系的不断建立和完善，将农业推到一个新的发展阶段。现代化农业的基本特征是以农业产业结构调整为核心、以市场需求为导向、以产业化发展为动力、以不断建立和完善社会化服务体系为保障、以最终提高广大农民的素质为目标。现阶段农民需要的社会化服务是全方位、多层次的，而且又是十分迫切的，建立健全农业社会化服务体系才能满足广大农民生产经营的需要。广大农民的需要得到满足才能实现农业的现代化。

二、农业社会服务体系现状及存在问题

党中央、国务院始终高度重视农业社会化服务体系建设问题，早在改革开放初期，就提出了农业社会化服务的概念。20 世纪 80 年代，伴随着以家庭承包经营为基础、统分结合的双层经营体制逐步取代人民公社体制，1983 年到 1986 年中央连续出台 4 个一号文件，提出发展农业社会化服务，促进农村商品生产发展。进入 20 世纪 90 年代，中央将发展农业社会化服务体系首次提到与稳定家庭承包经营同等重要的高度，1991 年国务院下发《关于加强农业社会化服务体系的通知》。进入 21 世纪，从 2004 年开始，中央连续 7 个一号文件和党的十七届三中全会决定都对“健全农业社会化服务体系”提出明确要求。在各级党委、政府的高度重视和全社会的共同努力下，经过 60 多年的建设发展，我国由公共服务机构为主导、多元化市场主体广泛参与的“多层次”农业社会化服务体系格局基本形成。在公益性服务领域，逐步建立了科技推广、畜牧兽医、质量安全、经营管理等从中央到乡镇五级政府公共服务机构，农机服务体系不断壮大。在经营性服务领域，以农业产业化发展为依托，初步建立了规模不断扩大、分工逐步完善、布局比较合理、运行趋于规范的农产品加工、流通和农资供应等服务体系，形成了多种市场主体共同参与的格局。农村社区集体经济组织和农民专业合作社创新发展，统一服务功能有所提高。

虽然我国农业社会化服务体系有了长足的进步，但总体水平还不高、体系建设还不完善、服务能力还比较薄弱等问题仍普遍存在。突出表现在 3 个方面：一是服务主体动力不足，包括内生动力源和外部动力源不足。农业生产的特殊性，决定了农业投入与产出不一定成正比，这就使各类市场经济主体在从事农业生产过程中热情不高、内在动力缺乏的情况。同时，要发展现代农业，需要诸如科技、金融、政策、信息等多方面农业保障体系支撑农业社会化服务，但是因涉农科技投入不够，国家政策、金融支持不到位，政府主导的农技推广体系不够健全等，造成外在动力不足以支撑社会化主体有效参与其中。二是服务内容不适应现代农业发展需要。随着大量农村青壮年劳动力外出打工，以及农业生产逐步向市场化、专业化发展，农民对农业社会化服务需求不仅是单纯的生产过程服务，而且需要农产品销售过程服务、消费过程服务等。目前，多数农业社会化服务组织功能过于单一，在服务内容方面拓展不够，如在销售过程服务中，没有注重产后

市场信息的收集，畅通相关销售渠道，提升农产品质量安全体系建设；在消费过程服务中，没能引入正确、科学的消费观，同时在涉及高科技农产品方面没有发挥有效地宣传引导作用，让消费者难以接受。三是社会参与度不高。历来人们对农业、农村、农民的认识程度不高，始终停留在生产设备落后，科技含量不高，农民文化素质不高等观念上，加之农业又属于三大产业中经济效益最低的产业，利润不高，对于追求利益最大化的各类市场经济主体来说，不愿意参与其中。对现代农业发展的不正确认识，以及看不到农业的经济效益，都造成了社会参与程度不高。

三、农业社会化服务体系改革方向

党中央国务院总览全局、审时度势地提出了，要建立新型农业社会化服务体系，是抓住了影响当前农业发展的薄弱环节和关键问题，使农业社会化服务体系建设站到了一个新起点上，对促进农业持续稳定发展意义重大。根据现代农业发展要求，笔者认为构建新型农业社会化服务体系，必须做到“三化”到位，即服务主体的社会化、服务内容的社会化、服务成果的社会化，实现包括政府主导的公共服务机构、合作经济组织、龙头企业等各类市场主体的多层次、多渠道参与，为现代农业生产环节、市场销售环节、安全消费环节等提供多形式、全方位的综合配套服务，最终实现服务成果由社会共享的多元化新型农业社会化服务体系。

构建新型农业社会化服务体系是一项长期而艰巨的任务，需要持之以恒、坚持不懈地努力。“十二五”期间应作为农村综合改革的重要内容，确立“顶层设计指导、公共财政扶持、局部试点先行、适时稳步推进”的原则，着力在生产经营服务、农村金融服务、公共监管服务 3 个方面，力求在组织创新、制度创新、管理创新上实现 9 个新突破。

1. 创新组织载体，提高现代农业生产经营的组织化程度

一是在健全农村集体经济组织上实现新突破。抓紧制定恢复健全农村集体经济组织的意见和措施，开展立法研究，出台《国务院农村社区集体经济组织管理条例》。研究完善村级治理结构，理顺党支部、村委会和集体经济组织关系。研究确定农村集体经济组织成员资格标准，稳步推进农村集体产权制度改革，创新监督管理体制和运营分配机制。

二是在规范发展农民专业合作社上实现新突破。落实完善各项扶持政策措施，优化合作社发展环境。深入开展示范社建设行动，完善内部规章制度，提高

合作社规范化建设水平。强化合作社市场营销服务，推进“农超对接”、“农校对接”、“农企对接”、“社企对接”、“农市对接”等。加强合作社人才培训和现场教学基地建设，提高人才培养服务范围和水平。

三是在集约扶持产业化龙头企业上实现新突破。创建国家农业产业化示范基地，发挥龙头企业集群集聚优势，集成利用资源要素，提升辐射带动能力。加大对示范基地财政投入，研究设立示范基地专项基金，支持基础设施建设，积极开展技术、融资、营销和物流信息等方面服务载体建设。研究出台示范基地税收优惠政策和用水、用电等相关支持政策。

2. 创新金融制度，进一步解决发展现代农业的瓶颈问题

四是在支持合作社开展信用合作上实现新突破。开展合作社内部资金互助试点，修订《农村资金互助管理暂行规定》，研究出台《农民专业合作社开展内部资金互助活动管理办法》和《农民专业合作社信用合作示范章程》，研究制定资本金扩充、贴息补助、贷款担保及所得税减免等环节的具体扶持政策。

五是在进一步拓展农业信贷担保上实现新突破。建立政府扶持、多方参与、市场运作的农村信贷担保机制，鼓励有条件的地区成立担保基金或担保公司，扩大农村有效担保物范围和信贷供给，带动各种担保机构发展。研究政府注资农业信用担保机构，对风险损失给予补助。对有条件的龙头企业进行公开授信，适当放宽担保抵押条件，简化贷款手续。加快建立专门针对中小企业发展的县级小额信贷银行，鼓励龙头企业参与组建村镇银行、贷款公司、小额贷款银行。

六是在持续扩大政策性农业保险上实现新突破。建立健全全国农业保险协调工作机制，加大试点工作力度，支持农村经管等部门拓展农业保险代理职能。加快农业保险立法进程，编制农业保险品种基本目录。研究建立农业保险巨灾风险基金，完善再保险和经办费用补贴制度。试点开展惠农补贴限额垫付保费，提高农业保险工作质量。鼓励地方开展特色农产品保险，降低保险定损理赔门槛。

3. 创新管理机制，着力健全现代农业公共监管服务体系

七是在农村土地承包管理服务上实现新突破。完善法律法规和相关政策，确保现有农村土地承包关系稳定并长久不变。全面开展土地承包经营权确权登记颁证工作。规范土地承包经营权流转市场，逐步健全村有站点、乡镇有中心、县市有市场的流转服务体系。健全土地承包经营纠纷调解仲裁体系，加快仲裁机构、队伍和设施建设，推进仲裁工作制度化、规范化。

八是在农村集体资产管理服务上实现新突破。推动《农村集体资产管理条例》立法，抓紧完善农村集体“三资”管理规章制度。部署开展全国农村集体资产清理工作，建立农村集体资产数据库。在村级会计委托代理服务的基础上，探索开展农村集体“三资”委托代理服务。以土地流转服务中心或“三资”代理服务中心为依托，探索构建农村产权交易市场。

九是在公共监管服务能力建设上实现新突破。将健全农业技术推广、动植物疫病防控、农产品质量监管、农村经营管理等乡镇或区域性农业公共服务机构作为深化乡镇机构改革的重要任务。切实保证基层公共服务机构财政投入，因地制宜、科学合理地设置公共服务机构，充实公共服务人员，加强基础设施建设，不断改善工作条件。创新基层公共服务机构管理体制和运行机制，改革用人制度、健全考评制度，完善分配制度。

主要参考文献

[1] 中华人民共和国农村土地承包法（案例应用版）[M]. 北京：中国法制出版社，2009.

[2] 王胜明，陈晓华. 中华人民共和国农村土地承包经营纠纷调解仲裁法释义 [M]. 北京：法制出版社，2009.

[3] 周晖. 农村土地政策与管理 [M]. 北京：中国农业科学技术出版社，2011.

[4] 高利明. 新时期减轻农民负担工作指导全书 [M]. 北京：新华出版社，2004.

[5] 危朝安. 村民“一事一议”筹资筹劳问答50题 [M]. 北京：中国农业科学技术出版社，2007.

[6] 孙中华，魏百刚. 农民专业合作社辅导员知识读本 [M]. 北京：中国农业出版社，2009.

[7] 郑有贵. 农民专业合作社建设与管理 [M]. 北京：中国农业出版社，2008.

[8] 孙中华，魏百刚. 农民专业合作社理事长管理实务 [M]. 北京：中国农业出版社，2009.

[9] 曹泽华. 农民合作经济组织中国农业合作化新道路 [M]. 北京：中国农业出版社，2006.

[10] 陈凤荣. 农经统计实用教材 [M]. 北京：中国科技出版社，2005.

[11] 林定根. 农村经营管理工作手册 [M]. 北京：中国农业科技出版社，2002.

[12] 郑文凯，贾广东. 农业经济专业知识与实务（中级）[M]. 沈阳：辽宁人民出版社、辽宁电子出版社，2007.